4
1971

Faserforschung und Textiltechnik

WISSENSCHAFTLICH-TECHNISCHE ZEITSCHRIFT
FÜR DIE CHEMIEFASER- UND TEXTILINDUSTRIE

BEGRÜNDET VON
ERICH CORRENS UND WALTER FRENZEL

HERAUSGEGEBEN VON ERICH CORRENS
WOLFGANG BOBETH – HANS BÖHRINGER – HERMANN KLARE
BURKART PHILIPP – CHRISTIAN RUSCHER

SCHRIFTLEITER J. BRÄMER UND I. RUSCHER

AUS DEM INHALT

AKADEMIE-VERLAG BERLIN

Faserforsch. u. Textiltechnik • 22. Jahrg. • Heft 4 • Seiten 171–226 • Berlin im April 1971

DK 677.4:539.216.1:677.014.86

Perepelkin, K. E.

Beziehung zwischen der Struktur und einigen mechanischen Eigenschaften von Faserstoffen vom Gesichtspunkt der Festkörperphysik

Faserforsch. u. Textiltechnik **22** (1971) 4, S. 171—186. 6 Abb., 12 Tab., 152 Lit.

Der Beitrag gibt anhand zahlreicher Literaturstellen einen Überblick über die mechanischen Grenzeigenschaften und einige andere mechanische Eigenschaften hochorientierter Strukturen. Es werden die energetischen Wechselwirkungen und die Deformation der Bindungen bei mechanischen Einwirkungen sowie Fragen der Festigkeit und Lebensdauer von Faserstoffen diskutiert. Weiter werden Einfluß der Versuchsbedingungen sowie der elastischen Eigenschaften der kristallinen Strukturbereiche, die Abhängigkeit des Deformationsmoduls von ihnen und die Korrelation der zwischenmolekularen Beziehungen behandelt. Schließlich wird über physikalische Grundlagen für die Herstellung von Faserstoffen mit guten mechanischen Eigenschaften berichtet.

DK 677.494.742.3:677.021.12:677.021.123.644:338.45

Marko, Ján, Jambrich, Martin, und *Hrivnák, Pavel*

Derzeitiger Stand der Erzeugung und Entwicklung von Polypropylenfaserstoffen in der ČSSR und in der Welt

Faserforsch. u. Textiltechnik **22** (1971) 4, S. 187—192. 3 Tab., 2 Lit.

In der ČSSR wurde die Entwicklung von Polypropylenfaserstoffen mit eigenen Technologien bis zur großtechnischen Reife entwickelt. Die Produktionskapazität beträgt gegenwärtig etwa 1000 t/a. In der vorliegenden Arbeit wird über einige Einzelheiten der Entwicklung von Polypropylenfaserstoffen in der ČSSR berichtet, es werden die verschiedenen Färbemöglichkeiten erläutert und das Massefärben ausführlich diskutiert. In der ČSSR geprüfte Einsatzgebiete für Polypropylenfaserstoffe werden angegeben.

DK 677.521:539.2:535.827.2:537.533.35

Wiedemann, Gottfried

Untersuchungen zur Morphologie der Glasseide

Faserforsch. u. Textiltechnik **22** (1971) 4, S. 192—202. 29 Abb., 2 Tab., 19 Lit.

Es wird über phänomenologische Eigenschaftsuntersuchungen berichtet, die Rückschlüsse auf das morphologische Verhalten der Glasseide zulassen. Im Interesse der Darstellung charakteristischer Eigenschaften wurden insbesondere chemische (Problematik der Kationbeweglichkeit, selektive Lösevorgänge), thermische (dilatometrisches Verhalten, differentialthermoanalytische Untersuchungen) und physikalische (E-Modul, ESR-Untersuchungen) Methoden eingesetzt. Die hieraus gezogenen Schlüsse führen in Verbindung mit mechanischen Betrachtungen, resultierend aus erhaltenen Spannungszuständen, zur Ableitung eines morphologischen Charakteristikums nach Art einer Schraubenlinie. Anhand von licht-, elektronen- und hochtemperaturmikroskopischen Methoden kann eine derartige Struktur nachgewiesen werden. Abschließend wird eine Vorstellung über die Entstehung der Schraubenlinienstruktur entwickelt, die Ansatzpunkte für eine vergleichende Betrachtung organischer und anorganischer Faserstoffe bietet.

DK 677.494.745.32:677.014.874:677.014.82:531.754

Krasnov, E. P., und *Kruglova, G. L.*

Untersuchung der Struktur poröser Polyacrylnitrilfaserstoffe

Faserforsch. u. Textiltechnik **22** (1971) 4, S. 203—209. 6 Abb., 4 Tab., 21 Lit.

Die Änderung der Struktur von Polyacrylnitrilfaserstoffen in verschiedenen Stadien ihres Herstellungsprozesses wird mit Hilfe der Tieftemperatur-Stickstoffsorption, der Quecksilberporosimetrie und verschiedener Methoden der Dichtebestimmung untersucht. Hierbei wird insbesondere der Einfluß der Oberflächenspannung der im Faden inkludierten flüssigen Phase studiert. Nach Ableitung von Kriterien zur quantitativen Bestimmung der Porosität von PVY-Faserstoffen werden die mit den einzelnen Untersuchungsmethoden erhaltenen Ergebnisse diskutiert.

DK 061.3.055.1(430.2—2.73("1970.12.01/04":677.4"2000"

Jacobasch, Hans-Jörg

Chemiefaserstoffe im Jahre 2000

Bericht über das Podiumsgespräch im Rahmen des 3. Internationalen Chemiefasersymposiums, 1. bis 4. 12. 1970 in Dresden

Faserforsch. u. Textiltechnik **22** (1971) 4, S. 209—211.

Kurze Mitteilungen

DK 677.521:677.017.4

Barthel, Rolf, Beyreuther, Roland, und *Müller, Walter*

Zur Deutung der Glasfadenfestigkeit

Faserforsch. u. Textiltechnik **22** (1971) 4, S. 212—214. 3 Lit.

DK 061.3.051.1(430.2—2.73)"1970.09.29/30":66.095.3

Jaeger, Werner

2. Internationales Symposium „Polykondensationsprozesse" 29. bis 30. 9. 1970 in Dresden

Faserforsch. u. Textiltechnik **22** (1971) 4, S. 214—216.

DK 061.3.055.1(430.2)"1970.10.27":677.494.745.32:677.021.125

Industriezweigkolloquium „Polyacrylnitrilfaserstoffe" des VEB Chemiefaserkombinat Schwarza „Wilhelm Pieck", Rudolstadt

Faserforsch. u. Textiltechnik **22** (1971) 4, S. 217—218.

Bobeth, Wolfgang

Zum Gedenken an Walter Frenzel

Faserforsch. u. Textiltechnik **22** (1971) 4, S. 219

Neue Bücher S. 218—221.

Patentschau S. 221—223.

Literaturschau S. 223—226.

Die Zeitschrift „Faserforschung und Textiltechnik" erscheint monatlich in Heften zu 48 Textseiten im Format A 4. Der Preis für das Einzelheft beträgt M 15,– (Sonderpreis für DDR M 9,–), für den Vierteljahrbezug M 45,– (Sonderpreis für DDR M 27,–), zuzügl. Bestellgeld. Die Berechnung erfolgt zu Beginn eines Vierteljahrs für 3 Hefte. Bestellungen aus dem Gebiet der Deutschen Demokratischen Republik an ein Postamt, eine Buchhandlung oder den Verlag, aus der Deutschen Bundesrepublik an eine Buchhandlung oder die Auslieferungsstelle Kunst und Wissen, Erich Bieber, 7 Stuttgart 1, Wilhelmstraße 4–6, aus dem Ausland an eine Importbuchhandlung, den Deutschen Buch-Export und -Import GmbH., 701 Leipzig, Postschließfach 276, oder den Akademie-Verlag GmbH., 108 Berlin, Leipziger Str. 3–4 (Fernruf: 220441; Telex-Nr. 0112020; Postscheckkonto 35021) erbeten. Bestellnummer dieses Heftes: 1014/22/4. Alleinige Anzeigenannahme DEWAG-WERBUNG, 102 Berlin, Rosenthaler Str. 28/31, und alle DEWAG-Betriebe in den Bezirksstädten der DDR. – Bestellungen in der UdSSR nehmen entgegen: Städtische Abteilungen von „SOJUZPECHATJ" bzw. Postämter und Postkontore.

Herausgeber und verantwortlich für den Inhalt: Prof. Dr. Erich Correns, Institut für Faserstoff-Forschung der Deutschen Akademie der Wissenschaften zu Berlin, 153 Teltow-Seehof, Fernruf: Teltow 4831; Prof. Dr.-Ing. habil. Wolfgang Bobeth, Institut für Technologie der Fasern der Deutschen Akademie der Wissenschaften zu Berlin, 801 Dresden, Hohe Str. 6, Fernruf: 44721; Prof. Dr.-Ing. Hans Böhringer, Institut für Textiltechnologie der Chemiefasern Rudolstadt, Fernruf: Rudolstadt 2031; Prof. Dr. Hermann Klare, Prof. Dr. habil. Burkart Philipp und Dr. habil. Christian Ruscher, Institut für Faserstoff-Forschung der Deutschen Akademie der Wissenschaften zu Berlin, 153 Teltow-Seehof, Fernruf: Teltow 4831. Schriftleiter: Joachim Brämer und Dipl.-Chem. Ingeborg Ruscher, 153 Teltow-Seehof, Kantstr. 55. Verlag: Akademie-Verlag GmbH., 108 Berlin, Leipziger Str. 3–4. Satz und Druck: Druckhaus „Maxim Gorki", 74 Altenburg. – Veröffentlicht unter der Lizenznummer 1280 des Presseamtes beim Vorsitzenden des Ministerrates der Deutschen Demokratischen Republik.

Faserforschung und Textiltechnik

WISSENSCHAFTLICH-TECHNISCHE ZEITSCHRIFT FÜR DIE CHEMIEFASER- UND TEXTILINDUSTRIE

Band 22 | April 1971 | Heft 4

Beziehung zwischen der Struktur und einigen mechanischen Eigenschaften von Faserstoffen vom Gesichtspunkt der Festkörperphysik[1]

K. E. Perepelkin

Allunionsforschungsinstitut für Kunstfasern, Außenstelle Leningrad

DK 677.4:539.216.1:677.014.86

Der Beitrag gibt anhand zahlreicher Literaturstellen einen Überblick über die mechanischen Grenzeigenschaften und einige andere mechanische Eigenschaften hochorientierter Strukturen. Es werden die energetischen Wechselwirkungen und die Deformation der Bindungen bei mechanischen Einwirkungen sowie Fragen der Festigkeit und Lebensdauer von Faserstoffen diskutiert. Weiter werden Einfluß der Versuchsbedingungen sowie der elastischen Eigenschaften der kristallinen Strukturbereiche, die Abhängigkeit des Deformationsmoduls von ihnen und die Korrelation der zwischenmolekularen Beziehungen behandelt. Schließlich wird über physikalische Grundlagen für die Herstellung von Faserstoffen mit guten mechanischen Eigenschaften berichtet.

Взаимосвязь между структурой и некоторыми механическими свойствами волокон с точки зрения физики твердого тела

На основании многочисленных литературных данных дается обзор предельных механических и некоторых других механических свойств высокоориентированных структур. Обсуждаются энергетические взаимодействия и деформация связей при механических нагрузках, а также вопросы прочности и долговечности волокон. В дальнейшем рассматриваются влияние условий опытов и эластических свойств кристаллических областей структур на величину модуля деформации, а также корреляция межмолекулярных взаимоотношений. В заключение излагаются физические основы производства волокон с хорошими механическими свойствами.

Relationship between the Structure and some Mechanical Properties of Fibres from the Physics of Solids Point of View

Referring to literature data the limiting mechanical properties and some other mechanical properties of highly oriented structures are reviewed. The energy of interaction and the deformation of bonds responding to external mechanical forces are related to the strength and the service life of fibres. The effects of experimental conditions and of the elastic properties of crystalline regions on the modulus of deformation as well as the correlations between intermolecular relationships are discussed. Finally, the physical conditions to be observed for obtaining fibres with satisfying mechanical properties are reported.

Einleitung

Eines der wichtigsten Probleme in der Theorie der Herstellungsprozesse von polymeren Festkörpern, darunter von Chemiefaserstoffen, ist das Auffinden von Korrelationen zwischen der Struktur der Polymeren, der gelenkten Formgebung und dem Komplex der mechanischen Eigenschaften, wie Festigkeit, Dehnung, Ermüdung, thermomechanisches Verhalten u. a. Die wesentlichen Korrelationen zwischen der Struktur, ihren Energiekennwerten und den Eigenschaften von polymeren Festkörpern können durch das in Bild 1 angegebene Grundschema dargestellt werden, aus dem der komplizierte Zusammenhang dieser Korrelationen anschaulich hervorgeht.

[1]) Vorgetragen auf dem 3. Internationalen Chemiefasersymposium in Dresden am 3. Dezember 1970.

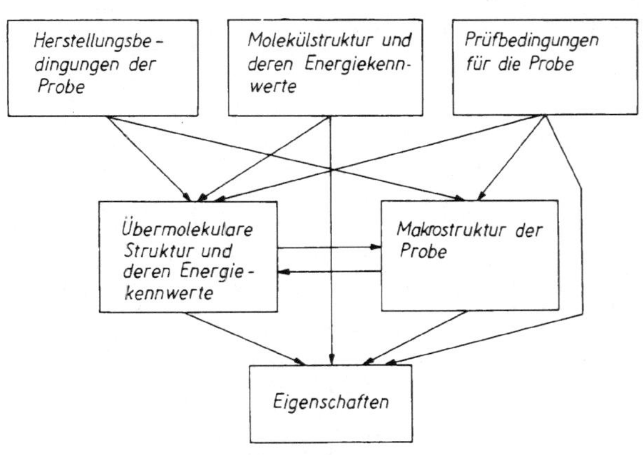

Bild 1. Schematische Darstellung der Beziehungen zwischen Struktur und Eigenschaften von polymeren Festkörpern

Die zunehmende Anwendung orientierter polymerer Systeme, wie Chemiefaserstoffe, Filme, nadelförmige Kristalle, fordert die Beantwortung von Fragen, die mit der Vorhersage von Eigenschaften, der Bestimmung der Grenzwerte von Eigenschaften, dem Auffinden optimaler Wege für die Formgebung und mit der Aufklärung der Ursachen für die Eigenschaftsabweichungen von vorhergesagten Werten verbunden sind.

Da es nicht möglich ist, die vielgestaltigen Eigenschaften, oder auch nur die mechanischen Eigenschaften, und deren Beziehung zur Struktur gleichzeitig zu erfassen, beschränken sich die vorliegenden Betrachtungen vornehmlich auf die mechanischen Grenzeigenschaften und einige andere mechanische Eigenschaften hochorientierter Strukturen.

Struktur und energetische Wechselwirkungen in fadenbildenden Polymeren

Die hochkomplexe mechanische Eigenschaften nachweisenden polymeren Faserstoffe haben eine hochorientierte amorph/kristalline Struktur. Ihr Kristallinitätsgrad beträgt gewöhnlich 60 bis 95%, und der mittlere molekulare Orientierungswinkel ist 2 bis 8°. Geometrische Werte zur Struktur der Polymermoleküle, zur Konfiguration der Polymerketten oder -schichten und zum Aufbau der kristallinen Bereiche der Polymeren liegen nahe bei den entsprechenden Werten analoger niedermolekularer Verbindungen und sind in der Literatur [1 bis 18] angegeben.

Die polymeren Festkörper sind durch eine große Vielgestaltigkeit der übermolekularen Struktur charakterisiert, die in letzter Zeit eingehend untersucht wurde [13, 19 bis 26]. Für hochorientierte polymere Systeme ist das Vorliegen von Bündeln und fibrillären Strukturen mit recht weitgehender Orientierung längs der Fadenachse charakteristisch. Bei diesen Strukturen, die Querschnittsabmessungen von ungefähr 50 bis 300 Å haben, beobachtet man einen deutlichen Wechsel von kristallinen und amorphen Bereichen mit einer Periode von etwa 100 bis 700 Å.

Von einer Reihe von Autoren wurde gezeigt, daß in den kristallinen oder geordneten Fadenbereichen gefaltete Strukturen vorliegen, woraus folgt, daß die Anzahl der durchgehenden Ketten im Fibrillenquerschnitt in den amorphen Bereichen geringer ist als in den kristallinen und im Grenzfall $^1/_2$ bis $^1/_3$ der Anzahl der Ketten in den kristallinen Bereichen betragen kann [10, 19, 20, 21, 26 bis 35]. Für die zwischenatomaren und zwischenmolekularen Wechselwirkungen in Polymeren charakteristische Werte sind in verschiedenen Literaturquellen [3, 6, 8, 14, 36 bis 47] angegeben.

Polymere Faserstoffe sind typische Vertreter heterodynamischer Strukturen, die zwei Arten von Bindungen mit unterschiedlichen Energien aufweisen, nämlich eine zwischenatomare in der Größenordnung von 200 bis 500 kJ/mol und eine zwischenmolekulare in der Größenordnung von 4 bis 40 kJ/mol. Demzufolge liegt in orientierten polymeren Faserstoffen neben der Anisotropie der geometrischen Form und Anordnung der Makromoleküle und übermolekularen Strukturen auch eine Anisotropie der strukturellen Kennwerte für die Energien und Kräfte vor.

In den letzten Jahren wurde gezeigt, daß nicht nur heterodynamische lineare Polymere die Grundlage zur Herstellung biegsamer Fäden sein können. Vielmehr ist die Herstellung solcher Fäden auch auf der Grundlage von heterodynamischen schichtförmigen „zweidimensionalen" Polymeren, wie Graphit, Bornitrid u. a., möglich.

Zur Betrachtung der Korrelationen zwischen der Struktur und den Eigenschaften ist eine Reihe von strukturellen Kennwerten der Polymeren sehr wichtig [43, 44]. Zu ihnen gehören

a) die Anzahl der in dicht gepackten Strukturbereichen durch die Querschnittseinheit hindurchgehenden Molekülketten i,
b) der Kristallinitätsgrad V_k,
c) die Dissoziationsenergie der chemischen Bindungen pro mol U_m und pro Volumeneinheit des Polymeren U_{sp},
d) die zwischenmolekulare Wechselwirkungsenergie pro mol der Grundeinheiten D_m und pro Volumeneinheit D_{sp} des Polymeren,
e) die Einfriertemperatur des Polymeren T_g,
f) die Biegsamkeit des Polymeren und einige andere Kennwerte.

Die Kennwerte sind für einige Polymere in Tabelle 1 verzeichnet. Sie können zu einer Reihe mechanischer Fadeneigenschaften leicht in Korrelation gebracht werden.

Die wichtigsten strukturellen Kennwerte von Polymeren sind diejenigen Größen, die die zwischenmolekularen Wechselwirkungen und die Eigenbiegsamkeit der Polymerketten charakterisieren [2, 3, 8, 11, 43, 44, 48 bis 54]. Um Korrelationen zu den mechanischen Eigenschaften aufzustellen, erwies es sich als notwendig, eine neue Größe einzuführen, nämlich die spezifische Volumenenergie D_{sp} der zwischenmolekularen Wechselwirkung in Polymeren [43, 44], bezogen auf die Volumeneinheit der regelmäßig gepackten Strukturbereiche in Polymeren. Wie nachfolgend gezeigt wird, kann diese Größe leicht zu einer Reihe von mechanischen Eigenschaften der Polymeren in Korrelation gebracht werden. Diese Korrelation beruht darauf, daß auch die mechanischen Eigenschaften durch auf das Volumen der Probe oder die Querschnittseinheit der Probe mit vorgegebener Länge bezogene Größen ausgedrückt werden können.

Zum Vergleich der Eigenschaften von Polymeren oder Faserstoffen ist es in manchen Fällen erforderlich, die Eigenbiegsamkeit der Molekülketten zu kennen, die durch den Potentialwall der Rotation und die Energiedifferenz von Rotationsisomeren bestimmt ist [3, 8, 12, 48, 55 bis 58]. Durch Anwendung der für niedermolekulare Verbindungen bekannten Werte kann man auch für Polymere eine etwa entsprechende Reihenfolge für die freie Rotation um verschiedene chemische Bindungen, entsprechend der Abnahme der freien

Tabelle 1. Einige strukturelle Kennwerte von fadenbildenden Polymeren

Art des Polymeren	$i \cdot 10^{-4}$ 1/cm²	V_k %	U_m kJ/mol	U_{sp} kJ/cm³	D_m kJ/mol	D_{sp} kJ/cm³	t_g °C
Polyäthylen	5,5	65···90	250···320	18···23	8,4···10,9	0,30···0,39	−70···−100
Polypropylen	2,85	55···90	230···270	13···14,5	10,1···17	0,28···0,37	−12···− 20
Polyacrylnitril	3,35···3,45	klein	200···215	9··· 9,5	27 ···28,5	0,63···0,71	75··· 100
Polyvinylalkohol	4,8	65···70	250···315	15···19,5	33,5···42	1,03···1,3	75··· 130
Polycaproamid	5,5	45···70	—	—	46 ···65	0,5 ···0,71	40··· 50
Polyoxymethylen	5,8		190	9,5	7,1···10,9	0,36···0,54	−70···− 80
Polyäthylenterephthalat	4,85	40···60	—	—	46 ···61	0,35···0,45	60··· 100
Cellulose	3,1	40···60	—	—	78 ···94	0,75···0,92	220··· 270
Cellulosetriacetat	1,5	15···20	—	—	43 ···61	0,21···0,38	165··· 170
Graphit	10,5	—	460···480	87···90	42	8	—

Rotation, aufstellen:

$$C—O < C—N < C—C < C = C < \text{Ringe}.$$

Einer der wichtigsten Kennwerte für die Struktur und die Eigenschaften von Faserstoffen ist die Einfriertemperatur oder die Temperatur der Hauptumwandlung zweiter Ordnung, die die Bereiche des glasartigen Zustandes und des hochelastischen Zustandes voneinander abgrenzt. Die Einfriertemperatur von Polymeren ist durch den Gesamteffekt der Biegsamkeit der Molekülketten, einschließlich der sterischen Faktoren, und der zwischenmolekularen Wechselwirkungsenergie bestimmt. Daher charakterisieren die in Tabelle 1 verzeichneten Einfriertemperaturen von Polymeren die Beweglichkeit der Ketten in der realen Struktur von festen fadenbildenden Polymeren [49, 59 bis 63].

Deformation der Bindungen bei mechanischen Einwirkungen

Bei mechanischen Einwirkungen auf einen polymeren Festkörper vollzieht sich eine Deformation der chemischen Bindungen, die auf der Grundlage von Betrachtungen zur Abhängigkeit der Wechselwirkungsenergie vom Atomabstand berechnet werden kann. Meist wird die Potentialkurve für die zwischenmolekulare Wechselwirkungsenergie durch die Formel von *Morse* [3, 14, 43, 44, 64]

$$U = U_0 + U_d(1 - e^{-a(l-l_0)})^2 \tag{1}$$

beschrieben, wobei

U_0 = Nullenergie der Bindung,
U_d = Dissoziationsenergie der Bindung

$$\left(a = \pi c \nu \left(\frac{2\,m}{U_d}\right)^{0,5}\right),$$

ν = Wellenzahl der Bindung,
c = Fortpflanzungsgeschwindigkeit der elektromagnetischen Wellen,
m = reduzierte Atommasse

$$\left(m = \frac{m_1 \cdot m_2}{m_1 - m_2} \cdot m_H\right),$$

m_1, m_2 = Atommassen bei einer bestimmten Bindung,
m_H = Masseneinheit der Atommasse,
l = Atomabstand,
l_0 = Atomabstand im Gleichgewicht.

Die zur Deformation einer Bindung erforderliche Kraft wird durch Differenzieren von (1) bestimmt und ist

$$f = dU/dl = 2U_d \cdot a(1 - e^{-a(l-l_0)}) \cdot e^{-a(l-l_0)}. \tag{2}$$

Durch Aufsuchen des Extremwertes von (2) erhält man für die Reißkraft der Bindung

$$f_{\max} = 0{,}5U_d \cdot a = \pi c \nu (0{,}5U_d \cdot m)^{0,5}. \tag{3}$$

Aus (3) folgt, daß die Beziehung zwischen f und $l - l_0$ nicht linear ist und daß jedem Wert des Atomabstandes ein anderer Wert des Kraftkoeffizienten K_s der Bindung entspricht. In dem Punkt, der der Gleichgewichtslänge der Bindung l_0 entspricht, gilt

$$K'_s = 2U_d \cdot a^2 = 4\pi^2 c^2 \nu^2 m. \tag{4}$$

Die erhaltenen Beziehungen können zur Berechnung der mechanischen Eigenschaften von orientierten polymeren Strukturen benutzt werden. Gleichzeitig mit der Veränderung der Länge der chemischen Bindungen bei mechanischen Einwirkungen auf das Polymere tritt eine Veränderung der Valenzwinkel auf. Die Veränderung der Atomabstände wird in den Arbeiten [3, 6, 7, 8, 11, 38, 48] eingehender betrachtet.

Festigkeit und Lebensdauer von Faserstoffen

Die Festigkeit von Faserstoffen ist einer der wichtigsten Kennwerte für deren Anwendbarkeit in technischen Erzeugnissen, die beträchtlichen mechanischen Beanspruchungen ausgesetzt sind. Das zahlreiche experimentelle Material zeigt, daß die Festigkeitskennwerte weitgehend von den Temperatur-Zeit-Bedingungen des Experimentes abhängig sind. Mit abnehmender Temperatur und zunehmender Deformationsgeschwindigkeit erhöht sich die Festigkeit von Chemiefaserstoffen [43, 44, 65 bis 69].

Physikalisch ist es korrekt, neben den Festigkeitskennwerten noch die Lebensdauer τ bei einer bestimmten Temperatur und einer vorgegebenen Spannung zu benutzen [65, 66, 67, 70, 71]. Die Abhängigkeit der Lebensdauer von Faserstoffen von der Temperatur und der äußeren Spannung wird durch die Formel von *Žurkov* [65]

$$\tau = \tau_0 \exp\left(\frac{U_d - \gamma\sigma}{RT}\right) \tag{5}$$

beschrieben, wobei

σ = tatsächliche Spannung unter Berücksichtigung der Querschnittsänderung der Probe bei der Deformation,
τ_0 = Konstante, deren Wert nahezu gleich der Periode der atomaren Wärmeschwingungen, d. h. 10^{-12} bis 10^{-13}, ist,
U_d = Aktivierungsenergie des mechanischen Reißens der Bindungen,
R = allgemeine Gaskonstante,
γ = Koeffizient, der von der Art und Struktur des Materials abhängt und somit die uneinheitliche Spannungsverteilung in den Mikrobereichen der Probe und den Molekülketten berücksichtigt.

Die Werte der in diese Formel eingehenden Größen sind für einige technische Faserstoffe und Fäden in Tabelle 2 verzeichnet.

Tabelle 2. Koeffizienten in der Formel von Žurkov

Art des Polymeren	U_d kJ/mol	γ kJ · mm²/mol · kp
Polypropylen	230···234	2,68
Polyvinylchlorid	147···151	3,14
Polyacrylnitril	200···214	2,46
KAPRON	188···204	1,21···1,8
LAVSAN	222	2,6
Viskose	167	1,09···1,63

Zur Bestimmung der einer gegebenen Lebensdauer der Probe entsprechenden statischen Reißspannung kann man (5) leicht in die Form

$$\sigma = \frac{U_d}{\gamma} - \frac{RT}{\gamma} \cdot \ln \frac{\tau}{\tau_0} \tag{6}$$

überführen. Ist die Spannung während der Deformation oder Anwendung des Faserstoffes nicht konstant, ist auch eine wechselseitige Berechnung der Festigkeit und der Lebensdauer unter Anwendung des Kriteriums von *Beyle* [72] möglich.

Die theoretische Festigkeit von Faserstoffen

Die Bestimmung der Festigkeitsreserven von Polymeren, insbesondere von orientierten polymeren Strukturen, ist von großer praktischer Bedeutung. Offenbar wird ein ideal strukturiertes polymeres System mit vollständig in der Verzugsrichtung orientierten Ketten und idealer Kettenpackung, d. h. ein idealer polymerer Einkristall, die maximale Festigkeit aufweisen [43, 44, 73, 74, 75, 86, 87, 88]. Jedoch wird die Festigkeit einer solchen idealen Struktur ebenfalls von den Temperatur-Zeit-Bedingungen des Experimentes abhängen.

Geht man davon aus, daß die theoretische Festigkeit die Festigkeit eines idealen Einkristalles im Minimum der inneren Energie, d. h. im absoluten Nullpunkt der Temperatur, ist, kann man die theoretische Festigkeit eines idealen Faserstoffes nach zwei Verfahren berechnen [43, 44, 73, 74, 75], nämlich

a) auf Grund der Deformation und des Reißens der durch die Querschnittseinheit des Faserstoffes hindurchgehenden Molekülketten und
b) auf Grund der Formel von *Žurkov* (5) für die Temperatur-Zeit-Abhängigkeit der Festigkeit.

Das erste Berechnungsverfahren gründet sich darauf, daß beim Reißen eines Faserstoffes ein Reißen der Molekülketten erfolgt, das auch von einem Abgleiten der Kettenenden begleitet ist. Die Festigkeit der Probe ist somit durch die Summe derjenigen Kräfte bestimmt, die zum Reißen der Ketten und zum Abziehen der Kettenenden pro Querschnittseinheit des Faserstoffes erforderlich sind. Daher gilt

$$\sigma_{\text{theor}} \simeq f_{\max} \cdot i \cdot K_k \cos \psi, \tag{7}$$

wobei

i = Anzahl der gleichzeitig deformierten (gerissenen) Bindungen in einem senkrecht zur Deformationsachse liegenden Querschnitt,

ψ = Winkel zwischen der Richtung der Bindungen und der Deformationsachse,

K_k = Koeffizient, der die Verminderung der Beanspruchung infolge des Abgleitens der Kettenenden berücksichtigt und die Form

$$K_k = 1 - \frac{f_{\max} \cdot \cos \psi}{P \sum f'_{\max}} \tag{8}$$

hat, wobei

P = Zahlenmittel des Polymerisationsgrades und

$\sum f'_{\max}$ = zum Reißen der zwischenmolekularen Bindungen erforderliche Gesamtkraft pro Kettenglied.

Der Koeffizient K_k ist für die meisten fadenbildenden linearen Polymeren 0,9 bis 0,95, aber der Effekt des Abgleitens der Ketten ist bei den in Faserstoffen auftretenden realen Polymerisationsgraden nicht bestimmbar [58, 59]. Eine Berechnung der theoretischen Reißfestigkeit der Polymerketten wurde unter Berücksichtigung von Korrekturen für das Abgleiten der Kettenenden für zahlreiche Faserstoffe durchgeführt. Einige der erhaltenen Werte sind in Tabelle 3 verzeichnet [58, 59, 86].

Zur Berechnung der theoretischen Festigkeit nach der Formel von *Žurkov* ermittelt man den Wert von σ (siehe Gleichung (6)) bei $T = 0$ und erhält

$$\sigma_{\text{theor}} \simeq \frac{U_d(T=0)}{\gamma_T}, \tag{9}$$

wobei

U_d = bei $T = 0$, Aktivierungsenergie des Reißens bei einer Probe mit idealer Struktur und Orientierung,

γ_T = Strukturkoeffizient für diese Probe.

Wie in den Arbeiten von *Žurkov* u. Mitarb. sowie von *Gubanov* und *Čevyčelov* [76, 77] gezeigt wurde, liegt U_d sehr nahe bei der Dissoziationsenergie der Bindungen und hängt entsprechend wenig von der Temperatur ab.

Tabelle 3. Ergebnisse der Berechnungen der theoretischen Festigkeit und der erreichbaren Grenzfestigkeit von Faserstoffen

Art des Polymeren	Theoretische Festigkeit: auf Grund der Deformation und des Reißens der Ketten kp/mm²	Theoretische Festigkeit nach der Formel von *Žurkov*: γ_T $\frac{\text{kJ} \cdot \text{mm}^2}{\text{mol} \cdot \text{kp}}$	Theoretische Festigkeit nach der Formel von *Žurkov*: $\sigma_{\text{theor.}}$ kp · mm²	Erreichbare Grenzfestigkeit (Näherungswerte) kp/mm²
Polyäthylen	1900···2000	0,13	1990···2340	300··· 500
Polypropylen	830··· 940	0,25	920··· 930	150··· 250
Polyvinylalkohol	1650···1700	—	—	300··· 450
Polyacrylnitril	1150···1200	—	—	200··· 300
Polycapronamid	1750···2000	0,1	1830···2000	300··· 500
Polyoxymethylen	1550—1600	—	—	250··· 400
Polyäthylenterephthalat	1550···1650	—	—	250··· 450
Cellulose	1200···1900	—	—	200··· 500
Cellulosetriacetat	600··· 950	—	—	100··· 250
Graphit	8000···9000	—	—	6600···7600

Die Werte für diese Größe wurden für einige Polymere von *Gubanov* und *Čevyčelov* berechnet [76, 77]. Die Ergebnisse der Berechnungen, die unter Anwendung der in den oben zitierten Arbeiten verzeichneten Werte von U_d und γ_T' durchgeführt wurden, sind in Tabelle 3 enthalten. Diese Werte zeigen eine gute Übereinstimmung der nach den beiden Verfahren berechneten theoretischen Festigkeit von einachsig orientierten Polymeren, was offenbar für die hinreichende Zuverlässigkeit beider Berechnungsverfahren spricht, obwohl bei ihnen eine Reihe von Annahmen gemacht werden mußte.

Die erreichbare Grenzfestigkeit

Da die Anwendung von Faserstoffen in Erzeugnissen oder ihre Prüfung unter den oder jenen „Standardbedingungen" bei bestimmten Werten der Temperatur und der Deformationsgeschwindigkeit erfolgt, ist es erforderlich, den Begriff der erreichbaren Grenzfestigkeit einzuführen, unter dem man die Festigkeit der idealen Polymerstruktur bei bestimmten Werten der Temperatur und der Dauer oder Geschwindigkeit der Deformation einer Probe zu verstehen hat. Somit ist die erreichbare Grenzfestigkeit diejenige Grenzfestigkeit eines Faserstoffes, über die hinaus eine Festigkeitserhöhung unter den genannten Bedingungen prinzipiell unmöglich ist [43, 44, 73].

Die erreichbare Grenzfestigkeit kann z. B. bei standardisierten Versuchsbedingungen, wie bei einer Temperatur von 20 °C und einer Reißdauer von 10 bis 20 s, bestimmt werden. Diese Bedingungen werden auch bei den vorliegenden Betrachtungen angenommen. So kann die erreichbare Grenzfestigkeit auf folgenden Wegen berechnet werden:

a) auf Grund der Formel von *Žurkov* (5) durch deren Auflösen nach σ und Einsetzen der erforderlichen Werte für τ und γ_T (Formel (6)),

b) näherungsweise auf Grund der Abhängigkeit der experimentellen Festigkeitswerte von der Versuchstemperatur und Versuchsdauer und Anwendung der erhaltenen Koeffizienten K_T und K_τ zur Berechnung nach der Formel

$$\sigma_n = \sigma_{\text{theor}} \cdot K_T \cdot K_\tau, \tag{10}$$

c) durch Extrapolation der experimentellen Werte für reale Faserstoffe auf 100%ige Orientierung und Kristallinität.

Die durchgeführten Berechnungen zeigen, daß die erreichbare Grenzfestigkeit bei linearen Polymeren $^1/_3$ bis $^1/_6$ des Wertes der theoretischen Festigkeit beträgt und die gegenwärtig erreichten experimentellen Festigkeitswerte um das Drei- bis Fünffache übertrifft [43, 44, 73]. In Tabelle 3 sind orientierende Werte für die erreichbare Grenzfestigkeit von Faserstoffen verzeichnet. Jedoch liegt die ideal geordnete Struktur, für die die Berechnung der theoretischen Festigkeit und der erreichbaren Grenzfestigkeit durchgeführt werden kann, nur in einzelnen Fällen, z. B. bei Einkristallen von Polymeren, in Richtung der Kettenachse vor. So wurde mit Polyoxymethylen-Whiskers, d. h. nadelförmigen Einkristallen, die Festigkeit 360 kp/mm² erreicht, was dem berechneten Wert sehr nahe kommt [78]. Die Extrapolation der experimentellen Werte zum Einfluß der Struktur auf die Festigkeit von Viskosefaserstoffen [79, 80] auf die „ideale" Struktur führt zu einer Festigkeit von 510 bis 520 kp/mm², was ebenfalls recht nahe bei den berechneten Werten liegt.

Einfluß der Struktur von Faserstoffen auf ihre Festigkeit

Oben wurde gesagt, daß die tatsächliche Struktur von Faserstoffen weit von der idealen Ordnung entfernt ist, weshalb ihre Festigkeit beträchtlich geringer ist als die erreichbare Grenzfestigkeit. Bei den meisten hochfesten Faserstoffen und Hochmodulfaserstoffen beträgt sie $^1/_2$ bis $^1/_5$ der erreichbaren Grenzfestigkeit. Die hauptsächlich für diesen Unterschied verantwortlichen Faktoren sind in den Besonderheiten der übermolekularen Struktur und im Auftreten von Defekten zu suchen [66, 67, 81 bis 84].

In letzter Zeit wurde gezeigt, daß das Reißen von Faserstoffen in den amorphen Strukturbereichen eintritt, in denen die Anzahl der durchgehenden Ketten geringer ist als in den ideal gepackten Bereichen. Die Festigkeit von realen Faserstoffen ist weitgehend von deren Orientierung, insbesondere in den amorphen Strukturbereichen, abhängig. Neben der Orientierung übt auch die unterschiedliche Länge der Molekülketten in den amorphen Bereichen einen Einfluß auf die Festigkeit aus [85]. Die vorliegenden approximativen Versuchswerte zeigen, daß infolge der unterschiedlichen Orientierung und unterschiedlichen Länge der Ketten in den amorphen Bereichen die Festigkeit von hochfesten Faserstoffen und Hochmodulfaserstoffen gegenüber der Festigkeit bei ideal gepackten Strukturbereichen um 30 bis 50% geringer ist.

Die Festigkeit von Faserstoffen steht auch mit deren Polymerisationsgrad im Zusammenhang [43, 44, 66, 57, 69, 86, 87, 88]. Diese Beziehung hat die Form

$$\sigma = \sigma_\infty \left(1 - \frac{M'}{M}\right), \tag{11}$$

wobei

σ_∞ = Festigkeit des Faserstoffes bei unendlich großer Molekülmasse,

M, M' = durchschnittliche Molekülmasse des Polymeren und der abgeleiteten Kettenenden.

Gemäß dieser Beziehung ist die Festigkeit nur dann wesentlich von der Molekülmasse abhängig, wenn deren Werte gering sind. Schon wenn die Werte der rel. Molekülmasse von mehr als 30000 bis 60000 erreichen, ändert sich die Festigkeit nur noch geringfügig.

Ferner ist die Festigkeit von Faserstoffen weitgehend vom Vorhandensein verschiedenartiger Defekte abhängig, nämlich von Rissen, unvollkommen geformten Bereichen, heterogenen Schichtbildungen und anderen Störungen der Struktur. Dieser Einfluß kommt im sogenannten Maßstabfaktor zum Ausdruck. Das Vorliegen schwacher Stellen ruft eine örtliche Konzentration von Spannungen hervor. Gewöhnlich ist die Festigkeit eines Faserstoffes um so geringer, je kleiner unter sonst gleichen Bedingungen seine Dicke und seine Einspannlänge beim Reißen sind [89, 90]. So zeigt ein Vergleich der Festigkeit bei den Einspannlängen 10 bis 50 cm und 0,1 bis 0,5 cm, daß diese bei der letzteren um 10 bis 30% größer sind.

Die technische Festigkeit von Fasern und Fäden wird als Mittelwert von Meßreihen oder als Mittelwert der Reißfestigkeit von Bündeln bestimmt. Dabei spielt die Ungleichmäßigkeit der Eigenschaften der Einzelfäden oder Einzelfasern eine große Rolle. Je größer diese ist, desto geringer sind die erhaltenen mittleren Festigkeitswerte der Gesamtheiten [89 bis 92]. Von einer Reihe von Autoren durchgeführte Untersuchungen zeigten, daß sich die Festigkeitswerte der Einzelfasern oder Einzelfäden einer Probe um ein Vielfaches unterscheiden können. So besteht die Folge der Ungleichmäßigkeit darin daß bei Gruppenversuchen mit Fäden und Fasern die Festigkeitswerte um ungefähr 10 bis 40% niedriger sind als bei Versuchen mit Einzelfäden oder Einzelfasern.

Abhängigkeit der Festigkeit von Faserstoffen von den Versuchsbedingungen

Die realen Versuchs- und Anwendungsbedingungen von Faserstoffen unterscheiden sich weitgehend von den Temperatur-Zeit-Bedingungen, unter denen die Berechnungen der theoretischen Festigkeit und der erreichbaren Grenzfestigkeit durchgeführt wurden. Die Abhängigkeit der Festigkeit von Faserstoffen von der Versuchsdauer und der Versuchstemperatur kann durch Auflösen der Formel von *Žurkov* nach σ (siehe Gleichung (6)) ermittelt werden.

Nach experimentellen Ergebnissen ändert sich die Festigkeit bei einer Änderung der Reißdauer und entsprechend der Deformationsgeschwindigkeit der Probe um das 10fache um das 1,05- bis 1,11fache, also im Mittel um das 1,08fache [43, 44, 68]. Daher ist die Festigkeit bei einer Reißdauer von 10 bis 20 s nur halb so groß wie die Festigkeit bei einer Deformationsgeschwindigkeit, die der Fortpflanzungsgeschwindigkeit elastischer Wellen in der Probe gleich ist. Durch Extrapolation der Werte für die Abhängigkeit der Festigkeit verschiedenartiger Faserstoffe von der Temperatur im Bereich von -195 bis $+200\,°C$ auf den absoluten Nullpunkt wurde berechnet, daß sich hier die Festigkeit auf das Zwei- bis Dreifache der Festigkeit bei 20 °C erhöht [43, 44].

Elastische Eigenschaften der kristallinen Strukturbereiche von Faserstoffen

Für die Theorie des Erspinnens und der Struktur von Chemiefaserstoffen sowie für ihre technische Anwendung, z. B. zur Verstärkung von Kunststoffen und für andere Zwecke, ist die Frage nach ihren erreichbaren elastischen Grenzeigenschaften sowie deren Korrelation mit praktisch erzielbaren Werten sehr wichtig. Auf der Grundlage der modernen Vorstellungen über die Fibrillen-Bündel-Struktur orientierter polymerer Festkörper kann man folgern, daß die elastischen Eigenschaften in erster Näherung durch die Werte der Elastizitätsmoduli der amorphen und der geordneten oder kristallinen Strukturbereiche, das Mengenverhältnis und die gegenseitige Lage dieser Strukturbereiche sowie durch die Orientierung in bezug auf die Verzugsrichtung bestimmt sind. Der Anfangsmodul der orientierten Strukturbereiche E_{or} einer Polymerprobe ist in allgemeiner Form durch

$$E_{or} = \frac{\sum \lambda}{\sum \frac{\Delta \lambda y}{f} + \sum \frac{\Delta \lambda c}{f} + \sum \frac{\Delta \lambda b}{f}} \cdot i \qquad (12)$$

gegeben [43, 54], wobei

λ = Projektion der Bindungslänge auf die Kettenachse,
$\Delta\lambda_y$, $\Delta\lambda_c$, $\Delta\lambda_b$ = Änderung der Projektion der Bindungslänge auf die Kettenachse bei Änderung der Valenzwinkel, der Bindungslänge und der Rotation der Glieder unter Einwirkung einer Kraft f,
i = Zahl der Ketten in der Querschnittseinheit.

Demnach ist z. B. der Elastizitätsmodul der geordneten oder kristallinen Strukturbereiche bei Polymeren mit ebenen geraden Ketten durch

$$E_{or} = \frac{\sum l \cdot \cos \psi}{\sum \frac{\sin^2 \varphi}{\Delta K_y} + \sum \frac{\cos \varphi}{K_c}} \qquad (13)$$

gegeben, wobei

l = Bindungslänge
ψ = Winkel zwischen den Richtungen der Kettenachse, die parallel zur Deformationsachse ist, und der zwischenatomaren Bindung,
K_y, K_c = Kraftkoeffizienten für die Deformation der Valenzwinkel und der zwischenatomaren Bindungen.

Eine Reihe von Berechnungen für auf die Achsen bezogene Elastizitätsmoduli bei ideal orientierten Polymerproben (Einkristallen) ist in der Literatur zu finden [6, 7, 8, 43, 44, 93, 94, 95]. Für Polymere mit Ringen in der Kette, insbesondere für solche mit Spiralkonfiguration der Makromoleküle, können entsprechende, aber viel schwierigere Beziehungen hergeleitet werden, deren Anwendung für Berechnungen häufig durch das Fehlen quantitativer Angaben über die Kraftkoeffizienten bei innerer Rotation der Kettenglieder erschwert wird.

Neben dem oben genannten Verfahren zur Berechnung der elastischen Eigenschaften von Polymerkristallen auf Grund der Deformation der Bindungen in der Kette sind noch zwei andere Berechnungsverfahren möglich:

a) auf Grund der Fortpflanzungsgeschwindigkeit eines elastischen Impulses [43, 44, 94],
b) auf Grund einer Korrelation zwischen den Werten der thermischen Ausdehnung und der elastischen Eigenschaften von Polymeren [94].

Der Elastizitätsmodul in Längsrichtung für die orientierten geordneten Strukturbereiche E_{or} kann nach der Formel

$$E_{or} = W^2 \varrho' \qquad (14)$$

berechnet werden, wobei

W = Fortpflanzungsgeschwindigkeit des elastischen Impulses in den geordneten Strukturbereichen.

Die Größe ϱ' ist die Dichte der geordneten Strukturbereiche in bezug auf das „Skelett" der Molekülkette, durch die sich der Deformationsimpuls fortpflanzt, während die Seitengruppen fast nicht an der Impulsübertragung teilnehmen. Es gilt

$$\varrho' = \varrho \frac{M}{M_g}, \tag{15}$$

wobei

M_g = rel. Molekülmasse des Kettengliedes.

Die rel. Molekülmasse des Skelettgliedes der Kette M_s findet man als Summe der rel. Atommassen der an seinem Aufbau beteiligten Atome ohne Berücksichtigung der Seitengruppen, darunter der Wasserstoffatome.

Die Fortpflanzungsgeschwindigkeit des Deformationsimpulses kann aus spektroskopischen Werten auf Grund der Frequenz der Valenzschwingungen der Kette berechnet werden. Näherungsweise kann man annehmen, daß die Fortpflanzungsdauer des Impulses über die Bindungslänge in Richtung der Kettenachse gleich $^1/_4$ der Periode einer vollständigen Schwingung ist. Daher gilt

$$W = 4\nu c\lambda, \tag{16}$$

wobei

ν = Wellenzahl der Bindung,
c = Geschwindigkeit der elektromagnetischen Wellen.

Die erhaltenen Werte fallen recht zufriedenstellend mit den Ergebnissen der durchgeführten Berechnungen sowie mit den von einigen Autoren mitgeteilten, röntgenographisch bestimmten Werten der Elastizitätsmoduli der kristallinen Bereiche von Faserstoffen, in denen sich durch Dehnen eine Veränderung der Identitätsperiode ergibt, zusammen (siehe Tabelle 4).

Die Beziehung zwischen der thermischen Ausdehnung und dem auf die Achse bezogenen Elastizitätsmodul von Polymerkristallen hat die Form

$$E_k \simeq \frac{1}{2} \frac{k \cos \psi}{l_0 \cdot \alpha_c} i, \tag{17}$$

wobei

k = *Boltzmann*-Konstante,
α_c = Thermischer Ausdehnungskoeffizient in Richtung der Kettenachse.

Die Ergebnisse vergleichender Berechnungen der Elastizitätsmoduli der kristallinen Strukturbereiche von Polymeren nach den drei Verfahren sowie vergleichbare röntgenographische Werte von *Sakurada* und anderen Autoren [96 bis 102] sind in Tabelle 4 zusammengefaßt.

Dank der regelmäßigen Lage der Polymerketten in den geordneten oder kristallinen Strukturbereichen der Faserstoffe ist ihr Elastizitätsmodul E_k hauptsächlich durch die elastischen Eigenschaften der Ketten und ihre Zahl in der Querschnittseinheit bestimmt. Dieses findet man auch an realen Faserstoffen bestätigt. Wie die Ergebnisse der Berechnung und der direkten röntgenographischen Messung zeigen, hängt E_k sehr geringfügig von der zwischenmolekularen Wechselwirkung, der Deformationsgeschwindigkeit und der Temperatur ab und ist nur bei Polymeren mit spiralförmiger Kettenstruktur vom Potentialwall der inneren Rotation abhängig.

Auch die elastische Dehnung der kristallinen Bereiche von Faserstoffen ist vornehmlich durch die elastischen Eigenschaften der Ketten bestimmt. Dies ist nach Umrechnung der röntgenographischen Werte am Spannungs-Dehnungs-Diagramm der kristallinen Bereiche von Polymeren mit unterschiedlicher zwischenmolekularer Wechselwirkung, wie Polyäthylen, Polyvinylalkohol, Polyvinylidenchlorid und Polypropylen [96, 97, 98] unter Berücksichtigung der Anzahl der Ketten pro Querschnittseinheit gut erkennbar (siehe Bild 2). Der Vergleich der Werte für die Elastizitätsmoduli und der Spannungs-Dehnungs-Diagramme für verschiedenartige orientierte Faserstoffe zeigt, daß fadenbildende Polymere im Hinblick auf die Dehnbarkeit der Molekülketten in vier Typen eingeteilt werden können, nämlich

a) Polymere mit spiralförmiger Kettenstruktur, die zu ihrer Deformation die höchste Kraft erfordern und somit die kleinsten Werte des Elastizitätsmoduls haben (Polypropylen, Polystyrol u. a.),

Tabelle 4. Vergleich der berechneten und experimentellen Werte des Elastizitätsmoduls von einachsig orientierten kristallinen Polymeren

Polymeres	Elastizitätsmodul in kp/mm²			
	nach der Geschwindigkeit eines elastischen Impulses	nach der Deformation der Ketten	nach der thermischen Ausdehnung	röntgenographisch
Polyäthylen	22500	23000	25000	24000
Polypropylen	10400	4900	—	4200
Polystyrol	5600	2500	—	1200
Polyvinylchlorid	14000	15000···17000	15800	—
Polyvinylalkohol	19400	20000	21000	25500
Polyacrylnitril	14800	15000	14600	—
Polytetrafluoräthylen	15800	16000	17600	—
Polycapronamid	23200	25000	27000	—
Polyäthylenterephthalat	13000	15000	14000	—
Cellulose	15200	12000···18000	—	13700
Cellulosetriacetat	9100	6000··· 9000	—	—
Graphit	—	90000···98000	—	90000···120000

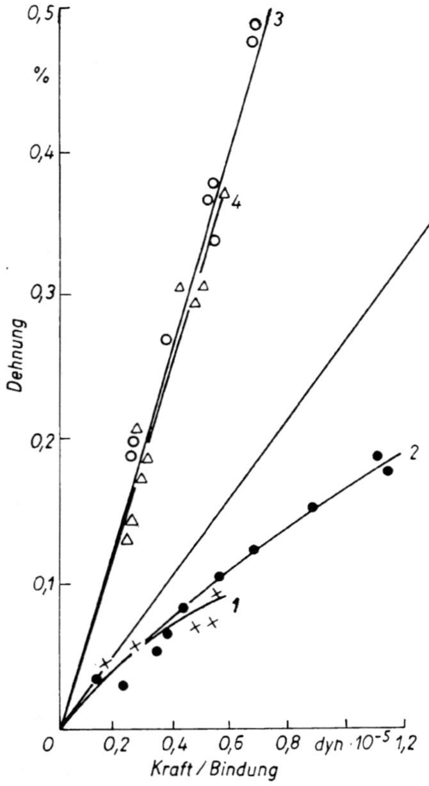

Bild 2. Deformationskurven für die Molekülketten von Polymeren in Achsenrichtung

1. Polyäthylen
2. Polyvinylalkohol
3. Polyvinylidenchlorid
4. Polypropylen
5. Berechnete Kurve für eine ebene gerade Kette

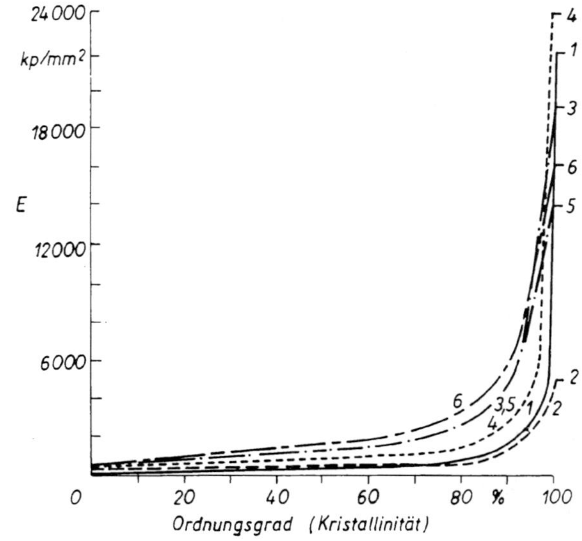

Bild 3. Abhängigkeit des Deformationsmoduls von orientierten Faserstoffen vom Kristallinitätsgrad

1. Polyäthylen
2. Polypropylen
3. Polyvinylalkohol
4. Polycaproamid
5. Polyäthylenterephthalat
6. Cellulose

b) Polymere mit Ringen in der Kette, die eine kleine Anzahl von Ketten pro Querschnittseinheit aufweisen und somit mittlere Kräfte zu ihrer Deformation erfordern, d. h. mittlere Werte des Elastizitätsmoduls haben (Polyäthylenterephthalat, Cellulose u. a.),

c) Polymere mit linearen Ketten und einer entsprechend hohen Anzahl von Ketten pro Querschnittseinheit, die erhebliche Kräfte zu ihrer Deformation erfordern und einen hohen Elastizitätsmodul haben (Polyäthylen, Polyvinylalkohol u. a.),

d) Polymere mit Schichtstruktur, die den höchsten Elastizitätsmodul aufweisen (Graphit u. a.).

Abhängkeit des Deformationsmoduls von Faserstoffen von der Struktur und den Versuchsbedingungen

Der Elastizitätsmodul von realen Faserstoffen ist weitgehend von der übermolekularen Struktur, dem Kristallinitätsgrad und der Orientierung abhängig. Für eine vollständige Charakterisierung der elastischen Eigenschaften von Faserstoffen ist es erforderlich, den Elastizitätsmodul der amorphen Strukturbereiche zu bestimmen, der auf Grund des Gesamtmoduls der Probe und des Moduls der kristallinen Bereiche näherungsweise berechnet werden kann. In diesem Fall gilt für den Gesamtmodul der Probe der Ausdruck

$$E = \frac{E_a \cdot E_k}{E_a \cdot V_k + E_k(1 - V_k)}. \quad (18)$$

Diese Berechnung entspricht mit hinreichender Näherung dem tatsächlichen Wert des Elastizitätsmoduls von Faserstoffen, weil das Berechnungsschema, wenn auch nur grob, so doch den vorliegenden Angaben über die Struktur von orientierten Polymeren und Faserstoffen entspricht. Die Berechnung des Elastizitätsmoduls der amorphen Strukturbereiche von Faserstoffen nach Gleichung (12) unter Anwendung von experimentellen Werten für den Elastizitätsmodul der Proben und der Ergebnisse für den Elastizitätsmodul der geordneten orientierten Bereiche (s. Tabelle 4) führt zu den in Tabelle 5 für verschiedene Faserstoffe verzeichneten Werten.

In Bild 3 sind auch die bei Berechnung der Abhängigkeit des Elastizitätsmoduls von Faserstoffen vom Mengenverhältnis der amorphen und geordneten oder kristallinen Bereiche erhaltenen Ergebnisse veranschaulicht. Man erkennt hieraus, daß der Deformationsmodul von Faserstoffen bei den normalerweise erreichbaren Werten des Kristallinitätsgrades (0,50 bis 0,85) vornehmlich durch den Modul der amorphen Strukturbereiche bestimmt ist und zwischen 300 und 2500

Tabelle 5. Ergebnisse der Berechnung des Elastizitätsmoduls der ungeordneten Strukturbereiche einiger Faserstoffe

Faserstoffart	Elastizitätsmodul der untersuchten Proben E kp/mm²	Berechneter Elastizitätsmodul der ungeordneten Bereiche E_0 kp/mm²
Polyäthylen	240··· 500	140···250
Polypropylen	500··· 640	180···300
Polyvinylalkohol	1100···2000	380···610
Polycapronamid	500··· 850	250···350
Polyäthylenterephthalat	1050···1100	600···650
Cellulose	1500···2000	800···850

kp/mm² liegt, was den entsprechenden experimentellen Werten nahekommt. Die erhaltenen Ergebnisse stehen in einer recht befriedigenden Korrelation zu den Angaben in den Arbeiten von *Žurkov*, *Slucker* [103, 104], *Bartenev*, *Vališin* [95] und anderen Autoren und bestätigen wiederum die Richtigkeit der Wahl eines einfachen Modelles, das eine „aufeinanderfolgende" Anordnung von amorphen und kristallinen Bereichen in orientierten Polymeren annimmt.

Die oben mitgeteilten Werte zeigen, daß der Elastizitätsmodul von realen orientierten Faserstoffen in erster Linie durch den Gehalt an amorphen Bereichen und deren Deformationsmodul bestimmt ist. Dabei ist der Deformationsmodul von der Anzahl der durchgehenden Ketten, der Orientierung, der zwischenmolekularen Wechselwirkung und der Kettenbiegsamkeit abhängig.

Je geringer die Geschwindigkeit des Deformationsimpulses ist, desto größer ist die Möglichkeit einer Verschiebung der Moleküle und ihrer Segmente in den amorphen Bereichen und desto geringer ist der Wert des gemessenen Elastizitätsmoduls. Mit zunehmender Temperatur erhöht sich die Beweglichkeit der Moleküle und ihrer Segmente in den amorphen Bereichen, was ebenfalls zur Abnahme des Elastizitätsmoduls führt. Eine besonders starke Abnahme des Elastizitätsmoduls tritt bei Temperaturen oberhalb der Einfriertemperatur auf. Genauere Angaben zum Einfluß der Deformationsgeschwindigkeit und der Temperatur von Faserstoffen auf deren Elastizitätsmodul liegen in der Literatur vor [43, 54, 105 bis 118].

Korrelation der mechanischen Eigenschaften mit der spezifischen Volumenenergie der zwischenmolekularen Wechselwirkung und der Kettenbiegsamkeit

Aus der Literatur ist eine Reihe von Versuchen bekannt, bestimmte Eigenschaften von Polymeren mit der molaren zwischenmolekularen Wechselwirkungsenergie in Zusammenhang zu bringen. Insbesondere wurde versucht, diese Eigenschaften zur Schmelztemperatur in Beziehung zu setzen [12]. Jedoch führten die Bemühungen, die molare zwischenmolekulare Wechselwirkungsenergie zu den mechanischen Eigenschaften in Beziehung zu bringen, offenbar deshalb nicht zu entsprechenden Korrelationen, weil die bestimmende Größe D_m nicht nur mit den mechanischen Eigenschaften, sondern auch mit dem Molvolumen des Polymeren im Zusammenhang steht. Als befriedigend erwies sich nur der Versuch, eine Korrelation zwischen der Einfriertemperatur und der molaren Kohäsionsenergie von Polymeren aufzufinden [53, 119]. Jedoch erlaubte die Anwendung der spezifischen Volumenenergie der molekularen Kohäsion sofort Korrelationen mit den elastischen Eigenschaften von Polymeren [43, 44, 120, 123]. In Tabelle 6 sind Werte zum Vergleich der elastischen Eigenschaften von Faserstoffen und des Elastizitätsmoduls der amorphen Strukturbereiche mit der spezifischen Volumenenergie der zwischenmolekularen Wechselwirkung zusammengestellt.

Tiranov und *Lazarin* [120 bis 125] stellten eine klare Beziehung der spezifischen Volumenenergie der Kohäsion zu Kennwerten fest, die die hochelastische Deformation bei konstanter Belastung und die Deformationsrelaxationsprozesse charakterisieren. Diese Autoren benutzten zur Approximation des Deformationsprozesses von polymeren Faserstoffen eine Exponentialfunktion der Form

$$\varepsilon_\tau = \varepsilon_{0,1} + b \lg \tau, \qquad (19)$$

wobei

$\varepsilon_0, \varepsilon_\tau$ = relative Deformation im Zeitpunkt 0, 1 oder τ,
b = Koeffizient, der die Intensität der Deformationszunahme charakterisiert.

In Tabelle 7 sind die Werte für die Beziehung zwischen den Deformations- und Relaxationseigenschaften von Chemiefaserstoffen und der spezifischen Volumenenergie der molekularen Kohäsion angegeben.

Interessant sind auch die Werte zur Korrelation der elastischen Eigenschaften und Ermüdungseigenschaften von Faserstoffen mit der zwischenmolekularen Wechselwirkung [124]. In Bild 4 und Tabelle 8 sind die entsprechenden Werte für eine Reihe von fadenbildenden

Tabelle 6. Vergleich der strukturellen Kennwerte mit den Deformationseigenschaften von Faserstoffen

Faserstoff	D_{sp} kJ/cm³	t_g °C	Grenzmodul der Deformation E_{max} kp/mm²	Deformationsmodul der amorphen Bereiche E_a kp/mm²	Deformationsmodul industrieller Faserstoffe E_{exp} kp/mm²	Schubmodul industrieller Faserstoffe G kp/mm²
			Faserstoffe aus linearen Polymeren			
Polytetrafluoräthylen	0,21···0,32	−115···−150	500	—	120··· 330	4500··· 6000
Polyäthylen	0,31···0,35	− 70···−100	800···1600	140···250	200··· 700	—
Polypropylen	0,28···0,37	− 12···− 20	700··· 800	180···300	300··· 500	—
Polyvinylchlorid	0,30···0,54	75··· 85	800···1000	—	350··· 450	9000···10000
Polycapronamid	0,50···0,71	40··· 60	1200···1500	250···350	250··· 500	4000··· 8500
Polyacrylnitril	0,63···0,71	75··· 110	1200···1500	—	450··· 600	18000···20000
Polyvinylalkohol	1,03···1,30	75··· 130	5000···7000	380···610	800···1400	15000···20000
			Faserstoffe aus Polymeren mit Ringen in der Kette			
Polyäthylenterephthalat	0,35···0,46	80··· 100	2500	600···650	900···1100	8700···15000
Cellulosetriacetat	0,21···0,38	170··· 180	700	—	310··· 430	9200···11500
Cellulose	0,75···0,92	220··· 370	5000···6000	800···850	300···1000	10000···41000

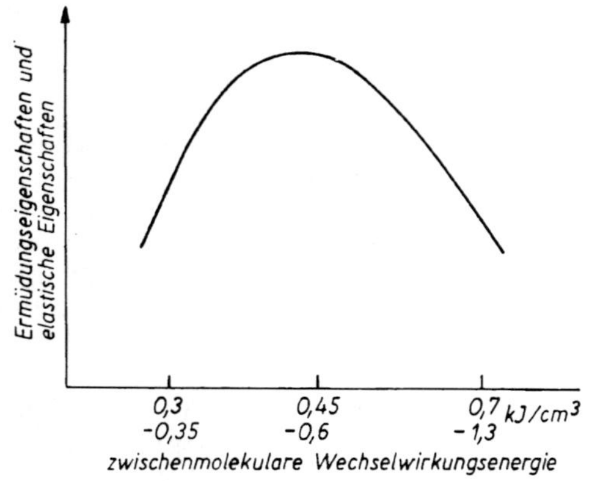

Bild 4. Schematische Darstellung der Abhängigkeit der Ermüdungseigenschaften und elastischen Eigenschaften von orientierten Polymeren von der zwischenmolekularen Wechselwirkungsenergie

Polymeren verzeichnet. Es ist bemerkenswert, daß auch für chemische Vernetzungen in Faserstoffen analoge Beziehungen gelten. Eine bestimmte Menge dieser Vernetzungen entspricht dem Maximum der Ermüdungseigenschaften und elastischen Eigenschaften [125, 126].

Auch die Biegsamkeit der Polymerketten übt einen großen Einfluß auf die Ermüdungseigenschaften und elastischen Eigenschaften von Faserstoffen aus. So haben Polymere mit Ringen in der Kette, wie Cellulose und Polyäthylenterephthalat, eine relativ geringe Beständigkeit gegenüber dynamischer Biegebeanspruchung im Vergleich zu Polymeren ohne Ringe in der Kette, aber mit dem gleichen Wert der spezifischen Volumenenergie der zwischenmolekularen Wechselwirkung. Umgekehrt weisen Polymere mit Spiralkonfiguration, wie Polypropylen, bessere Ermüdungskennwerte auf. Parallel zu den elastischen Zugeigenschaften von Faserstoffen ändern sich auch deren Kompressibilität, deren Verhalten bei sehr schneller Deformation und eine Reihe anderer Eigenschaften. Es ist darauf hinzuweisen, daß sich der genannten Korrelation selbstverständlich auch der Einfluß der übermolekularen Struktur und der in der Probe vorhandenen Defekte unterordnet. Zum Beispiel haben die niedrigen Werte für die Ermüdungseigenschaften von Polyacrylnitrilfaserstoff offenbar in den Schwierigkeiten ihrer defektfreien und rißfreien Herstellung ihre Ursache.

Tabelle 7. Einige Kriechkennwerte bei 20 °C, σ = 10 kp/mm²

Polymeres (Faserstoff)	D_{sp} kJ/cm³	$\varepsilon_{0,1}$ %	b mm²/kp, %	τ min (bei = 1%)
		Lineare Polymere		
Polyvinylalkohol	1,03···1,3	0,3···0,4	0,1	10^3 ···10^4
Polyacrylnitril	0,63···0,71	1,0···1,3	0,5	10^{-1}··· 1
Polycapronamid	0,3 ···0,71	3 ···4	0,7	10^{-3}···10^{-2}
Polypropylen	0,22···0,38	3 ···4	1,3	10^{-4}···10^{-3}
		Polymere mit Ringen in der Kette		
Polyäthylenterephthalat	0,35···0,46	0,7···0,9	0,1	1 ···10
Cellulose	0,75···0,92	0,2···0,3	0,1	10^3 ···10^4

Tabelle 8. Vergleich der strukturellen Kennwerte mit den elastischen Eigenschaften und Ermüdungseigenschaften von Faserstoffen

Faserstoff	D_{sp} kJ/cm³	t °C	Elastische Längenerholung in % bei einer Anfangsdeformation von 4%	10%	Ermüdungskennwerte Tausend Biegezyklen Fäden*)	Fasern**)
			Faserstoffe aus linearen Polymeren			
Polyvinylalkohol	1,03···1,30	75··· 130	56··· 62	45··· 49	5···15	200···1 000
Polyacrylnitril	0,63···0,71	75··· 110	60··· 70	50··· 55	20···28	15···37***)
KAPRON	0,50···0,71	40··· 60	100	96··· 99	24···30	200···1 200
ÖNANTH	0,46···0,67	40··· 60	100	97···100	25···50	>1 000
Pedagron	0,44···0,61	—	100	100	13···19	—
Undecan	0,42···0,54	46··· 56	98···100	97—100	4···5	—
Polyäthylen	0,31···0,35	—70···—100	92··· 96	80··· 85	1···1,4	—
Polypropylen	0,28···0,37	—12···— 20	95··· 96	82··· 95	—	—
			Faserstoffe aus Polymeren mit Ringen in der Kette			
Cellulose	0,75···0,92	220··· 370	34··· 47	28··· 37	1,5···6	6···15
Polyäthylenterephthalat	0,35···0,46	80··· 100	95··· 97	58··· 76	5···14	21···30
Triacetat	0,21···0,38	170··· 180	56··· 62	25··· 30	0,01···0,02	1,2···1,7

Anmerkungen: *) bei einer Spannung von 5 kp/mm²
**) bei einer Spannung von 10 kp/mm²

Die Abnahme der Zahl der Zyklen erklärt sich offenbar durch die für PVY-Faserstoffe charakteristischen Poren und Defekte

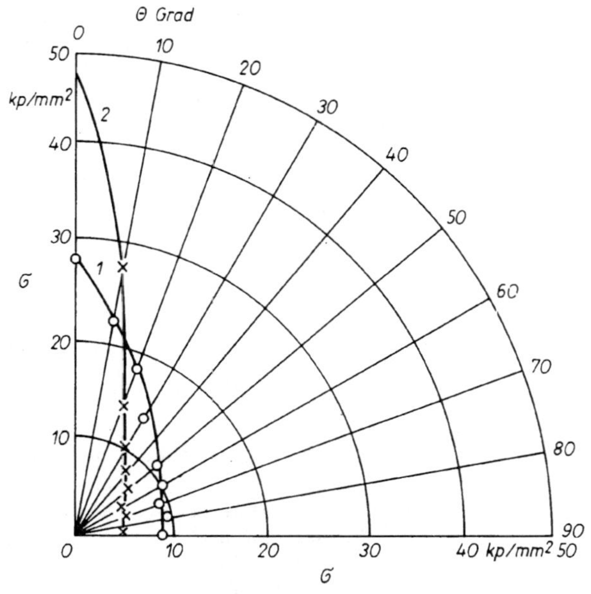

Bild 5. Polardiagramm der Festigkeit von orientierten Polyvinylalkoholproben
1 und 2 kennzeichnen auf das 5- bzw. 7fache gereckte Proben

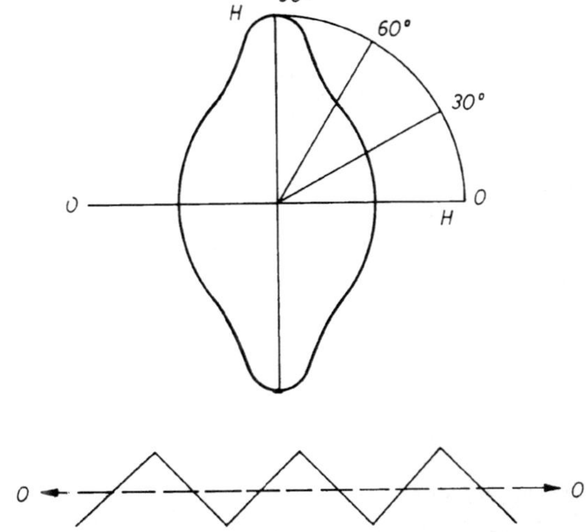

Bild 6. Polardiagramm der Mikrohärte (H) von orientierten Polymeren (Schema)
0—0 Orientierungsrichtung der Polymerketten

Anisotropie einiger mechanischer Eigenschaften von orientierten Polymerstrukturen

Die mechanischen Eigenschaften von Faserstoffen und faserähnlichen Strukturen wurden zwar in Richtung der Faserachse recht eingehend untersucht, aber in Richtung quer zur Faserachse wurden sehr wenig Untersuchungen durchgeführt, was durch die geringen Querschnittsabmessungen der Faserstoffe erklärt werden kann. Jedoch konnten wertvolle Einblicke an hochorientierten Filmen erhalten werden, die hinreichend gute Modelle zur Bestimmung der Fasereigenschaften darstellen.

In Bild 5 ist als Beispiel das Polardiagramm der Festigkeit von orientierten Polyvinylalkoholfilmen dargestellt, an dem man erkennt, daß die Anisotropie der Festigkeit nahezu den Faktor 10 erreichen kann. Die Bestimmung der Festigkeitsanisotropie noch höher orientierter Filme war nicht möglich, da sich diese in Richtung der Deformationsachse zu spalten begannen. Ein ähnliches Diagramm wurde von *Slonimskij* und *Dikareva* [127] für Polyäthylen-, Polyamid- und Polyesterfilme erhalten. Die Härteanisotropie der orientierten Proben steht mit der Bindungsrichtung der Polymerketten im Zusammenhang. Bei Bestimmung der Mikrohärte von Proben durch Ritzen quer zu den Polymerketten, deren Reißfestigkeit hoch ist, stellt man einen wesentlich höheren Wert fest als bei Bestimmung der Mikrohärte längs der Polymerketten. Das erklärt anschaulich die Form des Polardiagrammes der Mikrohärte (siehe Bild 6).

Die Anisotropie des Deformationsmoduls von orientierten Proben ist am Beispiel verschiedenartig orientierter Filme in Tabelle 9 veranschaulicht. Sehr interessant ist auch die Anisotropie der Eigenschaften der idealen Polymerstruktur, d. h. der polymeren Einkristalle, die ein makroskopisches Modell der kristallinen Strukturbereiche von Polymeren darstellen. Von besonderem Interesse sind dabei die in Tabelle 10 gegebenen Werte zur Anisotropie der Moduli der kristallinen Strukturbereiche von Polymeren [47, 97]. Es ist darauf hinzuweisen, daß die Anisotropie der Deformationsmoduli die Festigkeit der Probe, die Art des Reißens und die Wirkung von Defekten auf die Festigkeit beeinflußt [128].

Bei den Verarbeitungsprozessen und verschiedenen Anwendungen von Faserstoffen sind diese einer einseitigen Kompression unterworfen. Berechnungen und Messungen der Kompressibilität von Faserstoffen und Polymereinkristallen zeigen [52, 129, 130, 131], daß der Kompressionskoeffizient die in Tabelle 11 verzeichneten Werte hat, aus denen eine beträchtliche Anisotropie der Kompressibilität der Faserstoffe ersichtlich ist.

Tabelle 9. Anisotropie des Deformationsmoduls von orientierten Proben

Probe	Deformationsmoduli, kp/mm²		Verhältnis
	$E_\parallel$	$E_\perp$	$E_\parallel/E_\perp$
Polyäthylen	800···1050	150···200	4···7
Polypropylen	600··· 900	150···200	3···6
Polyvinylalkohol	1000···1650	300···500	2···5,5

Tabelle 10. Anisotropie des Elastizitätsmoduls der kristallinen Strukturbereiche

Probe	Elastizitätsmoduli, kp/mm²		Verhältnis
	$E_\parallel$	$E_\perp$	$E_\parallel/E_\perp$
Polyäthylen	23000···35000	320···430	60···80
Polypropylen	4200··· 4800	290···320	16
Polyvinylalkohol	25000···25500	890···900	25···30
Polyoxymethylen	5400··· 5800	800	6
Graphit	10000···120000	4800	21···23

Tabelle 11. Näherungswerte für die Kompressionskoeffizienten von Polymeren

Probe	Kompressionskoeffizient, cm^2/dyn	
	$\beta_{\parallel}$	$\beta_{\perp}$
Polyäthyleneinkristall	$3 \cdot 10^{-13}$	$(2{,}5 + 11) \cdot 10^{-12}$
Amorph/kristalline Polymere	—	$(16 + 29) \cdot 10^{-12}$

Physikalische Grundlagen der Herstellung von Faserstoffen mit guten mechanischen Eigenschaften

Die Herstellung von hochfesten Hochmodulfaserstoffen erfordert das Einhalten einer Reihe von Bedingungen, die sowohl mit der Wahl der optimale molekulare und übermolekulare Strukturen aufweisenden Polymeren als auch mit dem Erspinnen verbunden sind. Diese Bedingungen können folgendermaßen formuliert werden:

a) Maximale Energie der zwischenatomaren Bindungen in den Polymerketten oder -schichten, was den höchsten Werten der Kraftkoeffizienten der Bindungen und der für die Dissoziation der Bindungen oder das Reißen der Moleküle erforderlichen Kräfte entspricht.

In den Molekülketten der Polymeren sollen keine schwachen Bindungen vorhanden sein; doch beim Auftreten von Systemen mit Doppelbindungen infolge Konjugation ist eine gewisse Umverteilung der Elektronendichte und eine entsprechende Festigkeitserhöhung der Einfachbindung möglich.

b) Höchstmögliche Annäherung der Richtung aller Bindungen in der Kette an die Richtung der Kettenachse. Dies gewährleistet eine hohe Deformationsfestigkeit und eine hohe mechanische Reißfestigkeit der Bindungen.

c) Bestimmte Werte für die Länge der Molekülketten, d. h., daß die Werte des Polymerisationsgrades einen bestimmten Wert überschreiten müssen. Dabei können die minimal zulässigen Werte für die Länge der Molekülketten um so geringer sein, je größer die zwischenmolekulare Wechselwirkung ist. Es ist darauf hinzuweisen, daß bei zu hohen Werten der rel. Molekülmasse eine Reihe rheologischer Schwierigkeiten beim Erspinnen und Nachrecken der Fäden auftritt.

d) Möglichst minimaler effektiver Kettenquerschnitt und Fehlen von Ketten mit umfangreicher zyklischer Struktur, Seitenketten und Verzweigungen. In diesem Fall erfordert das Reißen der Probe die gleichzeitige Dissoziation einer großen Zahl von Bindungen, weil die Anzahl der Ketten in der Querschnittseinheit der Probe groß ist.

e) Höchstmögliche Zahl von durchgehenden Polymerketten und Fehlen gefalteter Strukturen.

f) Höchstmögliche Ordnung der Probe, was eine maximale Kristallinität und einen minimalen Anteil an amorphen, ungeordneten Strukturbereichen bedeutet. Dies gewährleistet einen hohen Grad der Gleichzeitigkeit der Deformation und des Reißens der Polymerketten.

Wenn die Ketten regelmäßig gepackt sind, wird die Zerstörung von Bindungen durch thermische Fluktuationen weniger begünstigt, weil die Fluktuationsenergie schneller zerstreut wird und die Rekombinationswahrscheinlichkeit der dissoziierten Bindungen größer ist. Somit führen diese gemeinsam wirksamen Effekte dazu, daß die Dissoziation der einzelnen Bindungen durch die Dissoziation einer Gruppe von Bindungen, die erheblich weniger wahrscheinlich ist, ersetzt werden müßte.

g) Höchstmögliche Orientierung der Molekülketten, wobei der Orientierungswinkel im Grenzfall gegen Null gehen muß.

h) Die optimale zwischenmolekulare Wechselwirkungsenergie und Biegsamkeit der Polymerketten muß aufrechterhalten werden. Bei sehr geringen Werten der zwischenmolekularen Wechselwirkung und hoher Kettenbiegsamkeit haben die Polymeren niedrige Phasenumwandlungstemperaturen. Dies führt zu einer verstärkten Entorientierung beim Erspinnen von Faserstoffen. Bei zu hohen Werten der zwischenmolekularen Wechselwirkung und zu hoher Kettenstarrheit verliert das Polymere seine Verarbeitbarkeit, die Löslichkeit nimmt ab und die Schmelztemperatur nimmt zu, indem sie sich der Abbautemperatur nähert.

i) Sehr wichtig ist die Herstellung struktureinheitlicher Faserstoffe mit möglichst geringem Gehalt an schwachen Stellen und Defekten. So haben nach dem Naßspinnverfahren hergestellte Faserstoffe in der Regel strukturell unterschiedliche Kern- und Mantelzonen mit unterschiedlicher Orientierung. Daher sollten die Erspinnungsverfahren, jedenfalls in der gegenwärtig bekannten Form, das Erspinnen von maximal einheitlichen nichtorientierten Fäden erlauben, denen durch Recken ein maximaler Reckgrad und eine maximale Orientierung erteilt werden kann. Gleichzeitig soll die erhaltene Struktur möglichst vollständig relaxiert sein, da das Vorliegen innerer Spannungen einen starken Einfluß auf die mechanischen Eigenschaften ausübt.

Offenbar kann man einen solchen Zustand bei Polymeren mit hoher Eigenbiegsamkeit der Molekülketten und hinreichend starker zwischenmolekularer Wechselwirkung im festen Zustand erreichen. Ein typisches Polymeres ist der Polyvinylalkohol. Bei Erwärmen kann er bis auf das 18- bis 20fache gereckt werden und nach Thermorelaxation und Abkühlen auf Zimmertemperatur erhält man eine zuverlässig fixierte Struktur. Es ist darauf zu achten, daß der zur Erhöhung des Kristallinitätsgrades und zur Aufhebung der inneren Spannungen führende Relaxationsprozeß ohne Verminderung des Orientierungsgrades, d. h. ohne Schrumpfen der Proben, durchgeführt wird.

Jedoch sind schon sehr wirksame Verfahren zur Thermorelaxation unter konstanter Spannung bei begrenztem Kriechen des Fadens bekannt. In diesem Fall werden Bedingungen für eine Erhöhung der Orientierung und eine gelenkte Nachkristallisation im mechanischen Feld herbeigeführt. So gelang es, bei Polyvinylalkoholfilmen, die durch Verdampfen des Lösungsmittels und nachfolgendes Recken erhalten wurden, eine Festigkeit von 280 kp/mm^2 zu erreichen [132], was dem Wert der erreichbaren Grenzfestigkeit nahekommt. Demgegenüber erreicht bei nach dem Naßspinnverfahren hergestellten Faserstoffen, die eine heterogene Makrostruktur aufweisen, die Festigkeit 120 bis 160 kp/mm^2 [133, 134].

Ein anderer Weg zur Herstellung von hochorientierten und hochfesten Strukturen besteht in der Anwendung

Tabelle 12. Einige Werte der mechanischen Grenzeigenschaften von hochorientiertem Material

Art des Materials	Dichte ϱ kg/mm³	Festigkeit Reißspannung σ_p kp/mm²	Festigkeit Verhältnis σ_p/ϱ	Elastizitätsmodul E kp/mm²	Elastizitätsmodul Verhältnis E/ϱ
		Faserstoffe und Filme			
Polyvinylalkohol	1,32	120 ··· 180	91 ··· 210	3500 ··· 5000	2650 ··· 3800
Polyäthylenterephthalat	1,38	90 ··· 140	58 ··· 87	2000 ··· 2500	1450 ··· 1800
Cellulosehydrat	1,55	100 ··· 150	55 ··· 77	2500 ··· 3000	1600 ··· 1950
Polyformaldehyd	1,42	120 ··· 255	85 ··· 180	—	—
Bor	2,34	280 ··· 400	120 ··· 170	38500 ··· 42000	16500 ··· 18000
Graphit	2,1	125 ··· 360	60 ··· 170	17000 ··· 35000	8100 ··· 17000
Bornitrid	2,15	150	70	8400	3900
Siliciumcarbid	3,18	95 ··· 125	30 ··· 39	42000 ··· 45000	13000 ··· 14000
Glas	2,55	150 ··· 500	60 ··· 195	5000 ··· 10000	1950 ··· 3900
		Nadelförmige Einkristalle			
Graphit	2,21	2100 ··· 2400	950 ··· 1080	60000 ··· 100000	28500 ··· 45000
Siliciumcarbid	3,2	1160 ··· 2100	360 ··· 660	46000 ··· 87000	14500 ··· 27000
Polyformaldehyd	1,50	300 ··· 360	200 ··· 240	—	—

von Polymeren mit einem bestimmten Verhältnis der Eigenbiegsamkeit der Ketten zur zwischenmolekularen Wechselwirkung. Unter bestimmten Bedingungen gelingt es, eine spontane Ordnung oder Selbstorientierung der Polymeren bei Thermorelaxation oder geringer Reckung von nicht mehr als 10 bis 20% zu erreichen. Hierdurch kann man insbesondere bei Polymeren mit aromatischen Ringen in den Makromolekülen Festigkeitswerte von 150 bis 300 kp/mm² erreichen. Solche Kennwerte wurden bei z. B. DuPont mit Faserstoffen auf der Grundlage eines Polymeren der p-Aminobenzoensäure erhalten.

k) Nach den genannten Verfahren sollten orientierte Strukturen unter Bedingungen hergestellt werden, die polymeranaloge Umwandlungen bei gleichzeitiger Orientierungsreckung erlauben. Diesbezüglich ist das Verfahren zur Herstellung von hochfesten Viskosefaserstoffen unter Verseifung von Faserstoffen aus Celluloseestern ein allgemein bekanntes Verfahren. In den letzten Jahren gelang es, nach einem analogen Verfahren hochfeste Strukturen auf der Grundlage von Kohlenstoff-Fasern herzustellen. Die erreichten Festigkeitswerte liegen bei 300 bis 360 kp/mm², aber es ist eine weitere beträchtliche Steigerung zu erwarten [135, 136].

l) Einer der Wege zur Herstellung von ideal geordneten Proben besteht in der Herstellung von nadelförmigen polymeren Einkristallen [78, 137, 138, 139]. Durch Polymerisation des Monomeren im festen Zustand erhielten *Slucker* u. Mitarb. [78, 139] nadelförmige Polyoxymethylenkristalle mit Festigkeitswerten bsi zu 360 kp/mm², was dem berechneten Wert der erreichbaren Grenzfestigkeit entspricht. Zur Herstellung von hochfesten Strukturen kann sich auch das Verfahren der gelenkten Polymerisation an orientierenden Matrizen [140] oder der Polymerisation im elektrischen Feld [141] erweisen. Schließlich ist als Verfahren zur Herstellung hochfester Strukturen noch die Gewinnung von Faserstoffen und nadelförmigen Kristallen aus dem Gaszustand [142 bis 146] zu nennen. Den „Festigkeitsrekord" halten bisher offenbar Graphiteinkristalle mit 2100 bis 2400 kp/mm².

Die erhaltenen hochfesten Strukturen haben in der Regel auch einen hohen Modul, d. h. die Bedingungen für das Erzielen der maximalen Festigkeit und des maximalen Moduls sind analog. Bei den organischen Faserstoffen hat der Polyvinylalkoholfaserstoff mit 5000 bis 7000 kp/mm² den höchsten Deformationsmodul [133], aber den höchsten Wert des Moduls überhaupt findet man bei nadelförmigen Graphitkristallen mit 70000 bis 100000 kp/mm².

Abschließend seien einige Angaben aus der Literatur [43, 44, 54, 133, 135, 136] zur Herstellung der gegenwärtig die höchsten Festigkeitswerte aufweisenden Faserstoffe und faserförmigen Strukturen in Tabelle 12 zusammengestellt. Wie man aus dieser Tabelle erkennt, wurden in den letzten Jahren auf dem Gebiet der Verbesserung der mechanischen Materialeigenschaften erhebliche Fortschritte gemacht, aber bis zur Ausschöpfung aller Möglichkeiten steht noch ein weiter Weg bevor. Sicher werden die nächsten Jahre neue Verfahren und Stoffe bringen, die der Menschheit Material mit noch besseren mechanischen Eigenschaften bieten.

Literatur

[1] *Kitajgorodskij, A. N.:* Organische Kristallchemie (in Russ.). Moskva: Verlag Akad. Wiss. UdSSR 1955.

[2] *Mark, H.,* und *Tobolsky, A. V.:* Physical Chemistry of High Polymeric Systems. New York 1955.

[3] *Vol'kenštejn, M. V.:* Konfigurationsstatistik der Polymerketten (in Russ.). Moskva: Verlag Akad. Wiss. UdSSR 1959.

[4a] *Miller, R. L.,* und *Nielsen, L. E.:* Crystallographic data for various polymers. J. Polymer Sci. **44** (1960) 144, S. 391—395.

[4b] *Miller, R. L.,* und *Nielsen, L. E.:* Crystallographic data for various polymers. II. J. Polymer Sci. **55** (1961) 162, S. 643—656.

[5] *Natta, G.:* Polymères isotactiques. Makromol. Chemie **16** (1955) 3, S. 213—237.

[6] *Treloar, L. R. G.:* Calculations of elastic moduli of polymer crystals. I. Polyethylene and Nylon 66. II. Terylene. III. Cellulose. Polymer, London **1** (1960) 1, S. 95—103; 3, S. 279—289; S. 290—303.

[7] *Shimanouchi, T., Asahina, M., und Enomoto, S.:* Elastic moduli of oriented polymers. I. The simple helix, polyethylene, polytetrafluoroethylene, and a general formula. J. Polymer Sci. **59** (1962) 167, S. 93—100.

[8] *Asahina, M.,* und *Enomoto, S.:* Elastic moduli of oriented polymers. II. $(-A_1-A_2-)_n$-type polymers. J. Polymer Sci. **59** (1962) 167, S. 101—111.

[9] *Houwink, R.*, und *Staverman, A. J.*: Chemie und Technologie der Kunststoffe. Band I. Leipzig 1962.
[10] *Vajnštejn, B. K.*: Röntgenstrahldiffraktion an Molekülketten (in Russ.). Moskva: Verlag Akad. Wiss. UdSSR 1963.
[11] *Birštejn, T. M.*, und *Pticyn, O. B.*: Konformation der Makromoleküle (in Russ.). Moskva: Nauka 1964.
[12] *Mandelkern, L.*: Crystallisation of Polymers. New York 1964.
[13] *Gul, P. H.*: Polymer Single Crystals. New York 1965.
[14] *Vol'kenštejn, M. V.*: Bau und physikalische Eigenschaften der Moleküle (in Russ.). Moskva: Verlag Akad. Wiss. UdSSR 1955.
[15] *Hermans, P. H.*: Physics and Chemistry of Cellulose. New York 1949.
[16] *Ott*: Cellulose and cellulose derivates. Part III. New York 1954.
[17] *Ellis, K. C.*, und *Warwicker, J. O.*: A study of the crystal structure of cellulose. I. J. Polymer Sci. **56** (1962) 164, S. 339—357.
[18] *Rånby, B. G.*: In: Grundlegende Vorstellungen über Fasern, die in der Papierindustrie verwendet werden (in Russ.). Goslesbumizdat 1962.
[19] *Kargin, V. A.*, und *Slonimskij, G. A.*: Kurze Abrisse über die Physikochemie der Polymeren (in Russ.) Moskva: Chimija 1967.
[20] *Michajlov, N. V.*: Moderne Struktur- und Festigkeitsprobleme von Chemiefasern. Chim. Volokna (Chem. Fasern) **6** (1964) 1, S. 7—19.
[21] *Keller, A.*: Polymer single crystals. Polymer, London **3** (1962) 3, S. 393—421.
[22] *Statton, W. O.*: Microvoids in fibers as studied by small-angle scattering of X-rays. J. Polymer Sci. **58** (1962) 166, Teil 1, S. 205—220.
[23] *Žurkov, S. N.*, *Slucker, A. N.*, und *Jastrebinskij, A. A.*: Fiz. tverd. Tela (Festkörperphysik) **6** (1964) 12, S. 3601.
[24] *Ginzburg, B. M.*, *Tujčiev, S.*, *Poveščenko, A. G.*, *Frenkel', S. Ja.*, und *Sorokin, A. Ja.*: Einfluß der Thermoplastifizierungsverstreckung auf die übermolekulare Struktur von polymeren Faserstoffen. Vysokomol. Soed. (Hochmol. Verbind.) **10 A** (1968) 5, S. 1191—1197; dt. in: Sowj. Beitr. Faserforsch. Textiltechnik **5** (1968) 9, S. 456—462.
[25] *Baranov, V. G.*, *Frenkel', S. Ja.*, *Volkov, G. I.*, und *Gasparjan, K. A.*: Fiz. tverd. Tela (Festkörperphysik) **11** (1969) 5, S. 1220.
[26] *Hearle, J. W. S.*, und *Peters, R. H.*: Fibre Structure. Manchester 1964.
[27] *Bueche, F.*: Tensile strength of plastics below glass temperature. J. appl. Physics **28** (1957) 7, S. 784—787.
[28] *Kojima, H.*, und *Abe, A.*: Untersuchungen über die Feinstruktur von Polyäthylenen. I. Über die Beziehungen zwischen spezifischen Volumen und Kristallinität von Polyäthylenen. Chem. High Polymers, Japan **18** (1961) 200, S. 728—732.
[29] *Miller, R. G. J.*, und *Willis, H. A.*: An independent measurement of the amorphous content of polymers. J. Polymer Sci. **19** (1956) 93, S. 485—494.
[30] *Thompson, A. B.*, und *Woods, D. W.*: Trans. Faraday Soc. **52** (1956) S. 383.
[31] *Slucker, A. I.*: Fiz. tverd. Tela (Festkörperphysik) **7** (1965) 2, S. 44.
[32] *Kuksenko, V. S.*, und *Slucker, A. I.*: Fiz. tverd. Tela (Festkörperphysik) **10** (1968) 3, S. 838.
[33] *Kuksenko, V. S.*, *Ovčinnikov, A. N.*, und *Slucker, A. I.*: Elastizität interkristalliner Zwischenschichten und die mechanischen Eigenschaften von orientierten Polymeren. Mech. Polimerov, Riga (Mech. der Polymeren) (1969) 6, S. 1002—1007.
[34] *Peterlin, A.*: Bond rupture in highly oriented polymers. J. Polymer Sci., A-2: Polymer Physics **7** (1969) 7, S. 1151—1163.
[35] *Blackadder, D. A.*, und *Roberts, T. L.*: A new model for the fold surfaces of polyethylene single crystals. Makromol. Chemie **126** (1969) S. 116—129.
[36] *Gercberg, G.*: Schwingungs- und Rotationsspektren vielatomiger Moleküle (in Russ.). Moskva: Izdatinlit 1949.
[37] *Wilson, E. B.*, *Decins, I. C.*, und *Cross, R. C.*: Molecular Vibrations. New York 1955.
[38a] *Lyons, W. J.*: Theoretical values of the dynamic stretch moduli of fiber-forming polymers. J. appl. Physics **29** (1958) 10, S. 1429—1433.
[38b] *Lyons, W. J.*: Theoretical value of the dynamic stretch modulus of cellulose. J. appl. Physics **30** (1959) 5, S. 796—797.
[39] *Cotrell, T.*: The Strengths of Chemical Bonds. London 1954.
[40] *Temnikova, T. I.*: Kurs der theoretischen Grundlagen der organischen Chemie (in Russ.). Moskva: Chimija 1968.
[41] *Sverdlov, L. M.*, *Kovner, M. A.*, und *Krajnov, E. I.*: Schwingungsspektren vielatomiger Moleküle (in Russ.). Moskva: Nauka 1970.
[42] *Mizushima, S. F.*, und *Simanouti, T.*: Raman frequencies of n-paraffin molecules. J. amer. chem. Soc. **71** (1949) 4, S. 1320—1324.
[43] *Perepelkin, K. E.*: Über die theoretischen und praktisch erreichbaren Elastizitäts- und Festigkeitseigenschaften von Chemiefaserstoffen. Chim. Volokna (Chem. Fasern) (1966) 2, S. 3—13; dt. in: Sowj. Beitr. Faserforsch. Textiltechnik **3** (1966) 8, S. 395—409.
[44] *Perepelkin, K. E.*: Mech. Polimerov, Riga (Mech. der Polymeren) (1966) 6, S. 845.
[45] *Šulepov, S. V.*: Kohlenstoffatom und künstlicher Graphit (in Russ.). Južno-ural'skoe kuižnoe izdatel'stovo 1965.
[46] *Ubbelohde, A. R.*, und *Lewis, F. F.*: Graphite and its Crystal compounds. Oxford 1960.
[47] *Vjatkin, S. E.*, *Deev, A. N.*, *Magornyj, V. G.*, *Ostrovskij, V. S.*, *Sigarev, A. M.*, und *Sokker, G. A.*: Kerngraphit (in Russ.). Atomizdat 1967.
[48] *Midzusima, S.*: Molekülbau und innere Spannungen (in Russ.) Moskva: Izdatinlit 1957.
[49] *Hill, R.*: Fasern aus synthetischen Polymeren (in Russ.). Moskva: Izdatinlit 1957.
[50] *Koršak, V. V.*: Chemie hochmolekularer Verbindungen (in Russ.). Moskva: Verlag Akad. Wiss. UdSSR 1950.
[51] *Jenalt, P. A.*: J. appl. Chem. **3** (1953) S. 71.
[52] *Brandt, W.*: J. chem. Physics **26** (1957) 2, S. 262.
[53] *Hayes, R, A.*: The relationship between glass temperature, molar cohesion, and polymer structure. J. appl. Polymer Sci. **5** (1961) 15, S. 318—321.
[54] *Perepelkin, K. E.*: Mech. Polimerov, Riga (Mech. der Polymeren) (1966) 1, S. 34.
[55a] *Liquori, A. M.*: The role of van der Waals interactions on the conformationel stability of helical macromolecules. J. Polymer Sci., C: Polymer Symposia (1966) 12, S. 209—234.
[55b] *Liquori, A.*: Chimija technol. Polimerov (1967) 2, S. 28.
[56] *Šeppard, N.*: Sammelband: Fortschritte der Spektroskopie (in Russ.). Moskva: Izdatinlit 1963.
[57a] *Papulov, Ju. G.*: Teoret. ėksperiment. Chimija **1** (1965) S. 743.
[57b] *Papulov, Ju. G.*: Teoret. ėksperiment. Chimija **3** (1967) 2, S. 273.
[57c] *Papulov, Ju. G.*: Eigenschaften und Struktur der großen Moleküle. II. Energiedifferenzen von Rotationsisomeren und Potentialschwellen der inneren Rotation in Polymerschwellen. Ž. fizič. Chimii **39** (1965) 7, S. 1545—1551.
[58] *Bani, B.*: In: Sammelband: Polyäthylen und andere Polyolefine (in Russ.). Moskva: Mir 1964, S. 489.
[59] Sammelband: Übergänge und Relaxationserscheinungen in Polymeren (in Russ.), unter der Redaktion von *Bojer, R.* Moskva: Mir 1968.
[60] *Koršak, V. V.*: Chemischer Bau und Temperaturcharakteristika von Polymeren (in Russ.). Moskva: Nauka 1970.
[61] *Koršak, V. V.*: Thermostabile Polymere (in Russ.) Moskva: Nauka 1969.
[62] Handbuch über Plaste (in Russ.), unter der Redaktion von *M. N. Garbar V. M. Katalo* und *M S. Akutin.* Band I und II. Moskva: Chimija 1968—1969.
[63] *Tager A. A.*: Physikalische Chemie der Polymeren (in Russ.). Moskva: Chimija 1967.

[64] *Melvin-Ch'juz, Z. A.:* Physikalische Chemie (in Russ.). Band I. Moskva: Izdatinlit 1962.
[65a] *Žurkov, S. N.*, und *Absov, A. S.:* Temperatur- und Zeitabhängigkeit der Festigkeit von polymeren Fasern. Vysokomol. Soed. (Hochmol. Verbind.) **3** (1961) 3, S. 441—449.
[65b] *Žurkov, S. N.*, und *Abrasov, S. A.*: Die Rolle der chemischen und zwischenmolekularen Bindungen beim Reißen von Polymeren. Vysokomol. Soed. (Hochmol. Verbind.) **3** (1961) 3, S. 450—455.
[66] *Bartenev, G. M.*, und *Zuev, Ju. S.:* Beständigkeit und Zerstörung hochelastischer Materialien (in Russ.). Moskva: Chimija 1964.
[67] *Gul', V. E.:* Festigkeit von Polymeren (in Russ.). Moskva: Chimija 1964.
[68] *Perepelkin, K. E.*, und *Rojtich, A. M.:* Fiziko-chimič. mech. mat. (1968) 3, S. 271.
[69] *Alfrej, T.:* Mechanische Eigenschaften der Polymeren (in Russ.). Moskva: Izdatinlit 1952.
[70] *Žurkov, S. N.*, und *Sanfirova, T. P.:* Beziehungen zwischen Festigkeit und Plastizität von Metallen und Legierungen. Ž. techn. Fiziki **28** (1958) 8, S. 1719—1726.
[71] *Žurkov, S. N.*, und *Narzullaev, B. N.:* Ž. techn. Fiziki **23** (1953) S. 1677.
[72] *Žurkov, S. N.*, und *Tomaševskij, L. E.:* Sammelband: Einige Probleme der Festigkeit des festen Körpers (in Russ.). Moskva: Verlag Akad. Wiss. UdSSR 1957, S. 68.
[73] *Perepelkin, K. E.:* Fiziko-chimič. mech. Mat. (1970) 2, S. 78.
[74] *Michajlov, N. V.*, und *Kargin, V. A.:* Sammelband: Arbeiten der IV. Konferenz über hochmolekulare Verbindungen (in Russ.). Moskva: Verlag Akad. Wiss. UdSSR 1948, S. 138.
[75] *Bartenev, G. M.*, und *Vališin, A. A.:* Theoretische Festigkeit von Polymeren im völlig orientierten Zustand. Mech. polymerov **6** (1970) 3, S. 458—464.
[76a] *Gubanov, A. I.*, und *Čevyčelov, A. D.:* Fiz. tverd. Tela (Festkörperphysik) **4** (1962) 4, S. 928.
[76b] *Gubanov, A. I.*, und *Čevyčelov, A. D.:* Fiz. tverd. Tela (Festkörperphysik) **5** (1963) 1, S. 91.
[76c] *Gubanov, A. I.*, und *Čevyčelov, A. D.:* Fiz. tverd. Tela (Festkörperphysik) **5** (1963) S. 2599.
[77] *Čevyčelov, A. D.:* Fiz. tverd. Tela (Festkörperphysik) **5** (1963) 5, S. 1394.
[78] *Slucker, L. I., Gromov, A. E.*, und *Pšežeccij, V. S.:* Fiz. tverd. Tela (Festkörperphysik) 2, S. 456.
[79] *Krässig, H.*, und *Kitchen, W.:* Factors influencing tensile properties of cellulose fibers. J. Polymer Sci. **51** (1961) 55, S. 123—172.
[80] *Krässig, H.:* Chimija technol. Polimerov (1963) 8, S. 65.
[81] *Berestnev, V. A.*, und *Kargin, V. A.:* Über den Effekt der Selbstverfestigung in Fasern. Vysokomol. Soed. (Hochmol. Verbind.) **5** (1963) 4, S. 581—586.
[82] *Bestnev, V. A.:* Untersuchung des Einflusses von Besonderheiten der Struktur von Cordfasern auf die mechanischen Eigenschaften des Cordes (in Russ.). Habilitationsschrift 1967.
[83] *Kuksenko, V. S.*, und *Slucker, A. I.:* Über die Korrelation zwischen den Zerstörungs- und Deformationsvorgängen in orientierten Polymeren. Mech. Polimerov, Riga (Mech. der Polymeren) **6** (1970) 1, S. 43—47.
[84] *Kutshiko, V. S.*, und *Slucker, A. I.:* siehe [83].
[85] *Žurkov, S. N., Vettegren, V. I., Korsukov, V. E.*, und *Novak, N. I.:* Fiz. tverd. Tela (Festkörperphysik) **11** (1969) 2, S. 290.
[86] *Žurkov, S. N.*, und *Abasov, S. A.:* Fiz. tverd. Tela (Festkörperphysik) **4** (1962) 8, S. 2184.
[87] *Lajus, L. A.*, und *Kuvšinskij, E. V.:* Einfluß des Molekulargewichtes auf die Festigkeit orientierter amorpher Polymerer. Vysokomol. Soed. (Hochmol. Verbind.) **3** (1961) 2, S. 215—222.
[88] *Perepelkin, K. E.:* Zur Frage des Zusammenhanges zwischen der Reißfestigkeit und dem Polymerisationsgrad. Chim. Volokna (Chem. Fasern) (1969) 4, S. 70.
[89] *Kukin, G. N.*, und *Solov'jov, A. N.:* Führer durch die Textilmaterialien (in Russ.). Teil II. Gogkaja Ind. 1964.
[90] *Dlunina, N. V., Motorina, A. N.*, und andere: Methoden der physiko-chemischen Prüfung von Fasern, Fäden und Filmen (in Russ.). Legkaja Ind. 1969.
[91] *Zubachina, N. C.*, und *Serkov, A. T.:* Elementarfadenfehler und ihr Einfluß auf die Festigkeit des Viskosecords. Chim. Volokna (Chem. Fasern) (1968) 3, S. 38—40; dt. in: Sowj. Beitr. Faserforsch. Textiltechnik **5** (1968) 10, S. 523—526.
[92] *Sorokin, E. Ja., Načinkin, O. I.*, und *Perepelkin, K. E.:* Zur Ungleichmäßigkeit der Elementarfadeneigenschaften über den Kabelquerschnitt. Chim. Volokna (Chem. Fasern) (1969) 6, S. 43—45; dt. in: Sowj. Beitr. Faserforsch. Textiltechnik **7** (1970) 4, S. 191 bis 194.
[93] *Mark, H.*, und *Lothman:* Helv. Chim. Acta **19** (1936) S. 68.
[94] *Perepelkin, K. E.:* Fiz. tverd. Tela (Festkörperphysik) **11** (1969) 12, S. 3529.
[95] *Bartenev, G. M.*, und *Vališin, A. A.:* Mech. Polimerov, Riga (Mech. der Polymeren) **5** (1969) 2, S. 213.
[96a] *Sakurada, I., Nukushina, Y.*, und *Ito, I.:* Experimentelle Bestimmung der Elastizitätsmoduln der kristallinen Bereiche in orientierten Polymeren. I. Polyäthylen und Polyvinylalkohol. II. Isotaktisches Polypropylen und Polymethylen. Chem. High Polymers, Tokyo **19** (1962) 205, S. 285—292; S. 292—299.
[96b] *Sakurada, I.*, und *Ito, T.:* Experimentelle Bestimmung der Elastizitätsmoduln der kristallinen Bereiche in orientierten Polymeren. III. Polyäthylenterephthalat, Polyvinylidenchlorid und Cellulose. Chem. High Polymers, Tokyo **19** (1962) 205, S. 300—306.
[96c] *Sakurada, I., Nukushina, Y.*, und *Ito, T.:* Experimental determinations of the elastic modulus of crystalline regions on oriented polymers. J. Polymer Sci. **57** (1962) 165, S. 651—660.
[97] *Sakurada, I.:* Chimija technol. Polimerov (1964) 10, S. 19.
[98] *Sakurada, I., Ito, T.*, und *Nakamae, K.:* Experimental determination of elastic moduli of the crystalline regions in the direction perpendicular to the chain axis in oriented polymers. IV. Isotactic polystyrene. Kobunshi Kagaku, Tokyo (Chem. High Polymers) **21** (1964) 228, S. 206—209.
[99] *Korematsu, M., Masuda, H.*, und *Kuriyama, S.:* Studium über Polyester von aromatischen β-Oxyäthoxysäuren. IV. Elastizitätsmodul von Polyäthylenoxybenzoat-Fasern. J. Soc. Textile Cellulose Ind., Japan **16** (1960) 5, S. 388—391.
[100] *Mann, J.*, und *Roldan-Ganzalez, L.:* X-ray measurements of the elastic modulus of cellulose crystals. Polymer, London **3** (1962) 4, S. 549—553.
[101] *Dulmage, W. J.*, und *Contois, C. E.:* A study of the elastic modulus and extensibility of the crystalline regions in highly oriented polymers. J. Polymer Sci. **28** (1958) 117, S. 275—284.
[102] *Jarson, M. A., Gillis, P. P.*, und *Mark, R. E.:* Proc. Royal Soc., London **A 306** (1968) S. 389.
[103] *Žurkov, S. N., Slucker, A. I.*, und *Jastrebinskij, A. A.:* Fiz. tverd. Tela (Festkörperphysik) **6** (1964) 12, S. 360.
[104] *Žurkov, S. N., Slucker, A. I.*, und *Jastrebinskij, A. A.:* Einfluß der Belastung auf die übermolekulare Struktur von orientierten Polymeren. Dokl. Akad. Nauk SSSR (Ber. Akad. Wiss. UdSSR) **153** (1963) S. 303—305.
[105] *Swan, P. R.:* Polyethylene unit cell variations with temperature. J. Polymer Sci. **56** (1962) 164, S. 403—407.
[106] *Hall, I. H.:* The effect of strain rate on the stress-strain curve of oriented polymers. I. Presentation of experimental results. J. appl. Polymer. Sci. **12** (1968) 4, S. 731—738.
[107] *Ballow, I. W.*, und *Smith, J. C.:* Dynamische Messungen der physikalischen Eigenschaften von Polymeren (engl.). J. appl. Physics **20** (1949) 6, S. 492—502.
[108] *Charch, W. H.*, und *Moseley, W. H.:* Structure-property relationships in synthetic fibers. Part I. Structure as revealed by sonic observations. Textile Res. J. **29** (1959) 7, S. 525.
[109] *Weyland, H. G.:* Measurement of the modulus of dynamic elasticity of staple fibres. Textile Res. J. **31** (1961) 7, S. 629—635.

[110] Rheology Theory and its Applications. Vol. II and III. New York.
[111] *Kawaguchi, T.:* Dependence of the tensile properties of crystalline polymer on strain rate and temperature. I. Chem. High Polymers, Japan **18** (1961) 195, S. 411—414.
[112] *Moseley, W. W.:* Effect of internal structure and local defects on fiber strength. J. appl. Polymer Sci. **7** (1963) 1, S. 187—201.
[113] *Kawaguchi, T.:* Dependence of the tensile properties of crystalline polymer on strain rate and temperature. II. Chem. High Polymer, Japan **18** (1961) 197, S. 529—535.
[114] *Laible, R. C.,* und *Morgan, H. M.:* The viscoelastic behavior of isotactic polypropylene fibers. J. appl. Polymer Sci. **6** (1962) 21, S. 269—277.
[115] *Lipatov, Ju. S.:* Die Orientierung Hochpolymerer und ihr Einfluß auf ihre physikalischen und chemischen Eigenschaften. Usp. Chimii (Fortschr. d. Chemie) **26** (1957) 7, S. 768—800.
[116] *Laible, R. C.,* und *Morgan, H. M.:* The viscoelastic behavior of oriented polyvinyl alcohol fibers at large strains. J. Polymer Sci. **54** (1961) 159, S. 53—63.
[117] *Wells, R. D.,* und *Morgan, H. M.:* New developments in polyvinyl alcohol fibers. Textile Res. J. **30** (1960) 9, S. 668—674.
[118] *Smith, J. C.* et al.: ASTM Bull. (1957) 220, S. 52.
[119] *Fujimoto, K.:* Resilience spectra of amorphous high polymers. Chem. High Polymers, Japan **18** (1961) 189, S. 39—44.
[120] *Stallvič, A. M.:* Untersuchung der viskoelastischen Eigenschaften verfestigter Fäden aus Polyvinylalkohol (in Russ.). Diss. LITLP in Kirova 1966.
[121] *Tiranov, V. G.:* Einige Gesetzmäßigkeiten der Deformation von Chemiefasern und -seiden unter den Bedingungen statischer Belastung (in Russ.). Diss. LITLP in Kirova 1968.
[122] *Lazaridi, K. Ch.:* Einfluß der Temperatur auf die Deformation synthetischer Fasern unter den Bedingungen statischer Belastung (in Russ.). Diss. LITLP in Kriova 1968.
[123] *Stalevič, A. M., Tiranov, V. G.,* und *Melent'ev, P. V.:* Izv. Buzov Technol. ljogkoj promyšl. (1967) 4.
[124] *Perepelkin, K. E.:* Über die Beziehung zwischen der Molekularstruktur und einigen mechanischen Eigenschaften von Polymeren. Mech. Polimerov, Riga (Mech. der Polymeren) **5** (1969) 4, S. 734—735.
[125] *Chakimova, A. Ch., Kudrjavcev, G. I., Vasil'eva-Sokolova, E. A.,* und *Gorbačeva, V. O.:* Herstellung von vernetzten Polyamidfäden. Chim. Volokna (Chem. Fasern) (1965) 6, S. 29—32; dt. in: Sowj. Beitr. Faserforsch. Textiltechnik **3** (1966) 3, S. 134—138.
[126] *Vasil'eva-Sokolova, E. A., Semenova, A. S.,* und *Rogovina, A. A.:* Physikalisch-mechanische Eigenschaften von mit Formaldehyd vernetzten KAPRON-Fäden. Chim. Volokna (Chem. Fasern) (1970) 3, S. 66—68.
[127] *Slonimskij, G. L.,* und *Dikareva, T. A.:* Untersuchung der Anisotropie der mechanischen Eigenschaften bei einachsig orientierten Polymerfilmen. Vysokomol. Soed. (Hochmol. Verbind.) **6** (1964) 1 S. 153—157.
[128] *Stepanov, A. V.:* Ž. èksperiment. teoret. Fiz. **19** (1949) 11, S. 975.
[129] *Müller, A.:* Proc. Roy. Soc. **A 178** (1941) S. 227.
[130] *Achmatov, A. S.:* Molekularphysik der Grenzreibung (in Russ.). Fizmatgiz 1965.
[131] *Ward, W.:* J. chem. Physics **80** (1962) S. 1177.
[132] *Žurkov, S. N., Levin, B. N.,* und *Savickij, A. V.:* Polymere Faserstoffe hoher Festigkeit. Dokl. Akad. Nauk SSSR (Abh. Akad. Wiss. UdSSR) **186** (1969) 1, S. 132—135.
[133] *Perepelkin, K. E., Lelinkov, O. S., Utevskij, C. E., Mazo, A. I., Pugač, B. M.,* und *Ulitin, O. N.:* Hochmodul-Polyvinylalkoholfäden. Chim. Volokna (Chem. Fasern) (1969) 5, S. 69.
[134] *Lelinkov, O. S., Utevskij, L. E.,* und *Perepelkin, K. E.:* Einfluß einiger Herstellungsbedingungen von Hochmodul-Polyvinylfaserstoffen auf ihre Eigenschaften. Chim. Volokna (Chem. Fasern) (1969) 6, S. 45—47.
[135] *Kotina, V. E., Konkin, A. A., Gorbačeva, U. S.,* und *Erofeeva, N. F.:* Herstellungsverfahren und Eigenschaften von Kohlenstoff-Fäden. Chim. Volokna (Chem. Fasern) (1969) 6, S. 1—9; dt. in: Sowj. Beitr. Faserforsch. Textiltechnik **7** (1970) 3, S. 126—135.
[136] *Bobrov, L. I.:* Hitzefeste Faserstoffe. Chim. Volokna (Chem. Fasern) (1968) 3, S. 71—75.
[137] *Okamura, S., Hayashi, K.,* und *Kitanishi, J.:* Radiation induced solid-state polymerisation of ring compounds. J. Polymer Sci. **58** (1962) S. 925—953 (mit Diskussion).
[138] *Morawetz, H.:* Polymerization in the solid state. J. Polymer Sci., C: Polymer Symposia (1966) 12, S. 79—88.
[139] *Ryskin, V. S.,* und *Slucker, A. I.:* Festigkeitseigenschaften nadelförmiger Monokristalle von Polyoxymethylen. Mech. Polimerov, Riga (Mech. der Polymeren) (1970) 2, S. 266—270.
[140] *Cetlin, B. L.,* und *Vlasov, A. V.:* In: Strahlungschemie der Polymeren (in Russ.). Moskva: Nauka 1966.
[141] *Behrens, H., Roth, H.-K.,* und *Neumann, I.:* Strahleninitiierte Blockpolymerisation von Vinylchlorid im elektrischen Feld. Plaste und Kautschuk **12** (1965) 4, S. 233.
[142] Sammelband „Mechanische Eigenschaften neuer Materialien" (in Russ.). Redakteur: *Barenblatt, G. N.,* Moskva: Mir 1969.
[143] *Berežkova, G. V.:* Fadenförmige Kristalle (in Russ.) Moskva: Nauka 1969.
[144] Sammelband: Neues in der Produktion der Chemiefasern (in Russ.), unter der Redaktion von *Z. A. Rogovin* und *S. P. Papkov.* Moskva: Mir 1968.
[145] Strengflüssige Materialien im Maschinenbau (in Russ.) Nachschlagewerk, Redakteur *A. T. Timnov* und *E. I. Portnes.* Moskva: Našinostroenie 1967.
[146] Sammelband: Faserige zusammengesetzte Materialien (in Russ.). Redakteur. *S. Ž. Bokštejn.* Moskva: Mir 1967.
[147] *Economy, J.,* und *Anderson, R. V.:* Properties and uses of boron nitride fibers. Textile Res. J. **36** (1966) 11, S. 994—1003.
[148] *Bacon, R.:* Growth, structure, and properties of graphite whiskers. J. appl. Physics **31** (1960) 2, S. 283 bis 290.
[149] *Bacon, R.:* Bull. amer. chem. Soc. **3** (1958) S. 108.
[150a] *Kirchner, H. P.,* und *Knoll, P.:* J. amer. Ceram. Soc. **41** (1962) S. 293.
[150b] *Kirchner, H. P.,* und *Knoll, P.:* J. amer. Ceram. Soc. **46** (1963) S. 299.
[151] *Cholister, G. S.,* und *Tomze, K.:* Verfestigung durch Fasern (in Russ.). Metallurgija 1969.
[152] Modern Composite Materials. Ed.: *Brautman, L. J.,* und *Krock, R. H.,* Ontario 1967.

Eingegangen am 3. Dezember 1970

Derzeitiger Stand der Erzeugung und Entwicklung von Polypropylenfaserstoffen in der ČSSR und in der Welt[1)]

Ján Marko, Martin Jambrich und Pavel Hrivnák
Forschungsinstitut für Chemiefasern, Svit/ČSSR

DK 677.494.742.3:677.021.12:677.021.123.644:338.45

In der ČSSR wurde die Entwicklung von Polypropylenfaserstoffen mit eigenen Technologien bis zur großtechnischen Reife entwickelt. Die Produktionskapazität beträgt gegenwärtig etwa 1000 t/a. In der vorliegenden Arbeit wird über einige Einzelheiten der Entwicklung von Polypropylenfaserstoffen in der ČSSR berichtet, es werden die verschiedenen Färbemöglichkeiten erläutert und das Massefärben ausführlich diskutiert. In der ČSSR geprüfte Einsatzgebiete für Polypropylenfaserstoffe werden angegeben.

Современное состояние производства и развития полипропиленовых волокон в ЧССР и во всем мире

В ЧССР была разработана и внедрена в производство отечественная технология получения полипропиленовых волокон. В настоящее время мощность производства составляет приблизительно 1000 т в год. В статье приводятся подробные данные о развитии полипропиленовых волокон в ЧССР и различных возможностях их крашения, в частности, крашения в массе. В заключение указываются практически проверенные в ЧССР области применения этих волокон.

Current State of the Production and Development of Polypropylene Fibres in the ČSSR and in the World

In the ČSSR the production of polypropylene fibres has been developed, using domestic technologies, up to industrial scale. At present the output has reached a total of about 1,000 t/a. The paper reports details of the development of polypropylene fibres in the ČSSR, including the possibilities of dyeing, particularly mass coloration. The scope of application investigated in the ČSSR is described.

1. Stand der Erzeugung und Entwicklung der Polypropylenfaserstoffe in der ČSSR

Die technische und ökonomische Bedeutung der PP-Fasern in der ČSSR haben wir schon teilweise auf dem 3. wissenschaftlichen Kongreß in Leipzig, „Chemiefaserstoffe", bewertet [1]. Unsere Erkenntnisse und Erfahrungen beruhen auf der Forschung und Entwicklung der Technologie von Polypropylen-Stapelfasern und ihrer Realisierung in einer Einheit, die der Kapazität der Großerzeugung entspricht. Während die Ergebnisse der PP-Stapelfaser dem Niveau eines Großbetriebes entsprachen, hatten wir die übrigen Technologien nur bis zur Pilotanlage bewältigt und nahmen bezüglich der Endergebnisse eher einen vorsichtigen als einen optimistischen Standpunkt ein. Im Verlauf dieses Zeitraumes befaßten wir uns mit mehreren Typen von Polypropylenfaserstoffen, hauptsächlich aber mit der Herstellung texturierter Seide (feine und grobe Titer) und auch mit PP-Textilseide (glatt und texturiert). Auch die sonstigen bei uns entwickelten Prozesse, wie z. B. texturierte Fasern für Polstermaterialien, sind nicht ohne Interesse, besonders vom gesundheitlichen Standpunkt aus und ihrer Anwendung im Vergleich mit Polstermaterialien aus pflanzlichen und tierischen Fasern. Der Umfang der durchgeführten Arbeiten, von der Forschung und Entwicklung über die Verarbeitbarkeit und die optimale Prozeßführung bis zum fertigen Erzeugnis, hat es uns ermöglicht, einen kurzen Überblick der erreichten Ergebnisse zu geben und diese mit anderen Materialien (z. B. PÄT-Fasern, PA-Fasern) zu vergleichen.

2. Charakteristik des Erzeugungsstandes in der ČSSR vom quantitativen Standpunkt aus

Die tschechoslowakische chemische Industrie erzeugt schon seit dem Jahre 1965 mit einer Kapazität bis zu 1000 t/Jahr massegefärbte W- und T-Fasern aus Polypropylen in einer breiten Palette von Farbtönen. Auf Grund eigener Projektionsunterlagen und unter Verwendung tschechoslowakischer Maschinen kam im Jahre 1970 eine weitere Kapazität von PP-Fasern und technischer Seide Td 260 den hinzu (Tabelle 1).

Das ursprüngliche Kapazitätsvorhaben wird durch Verbesserungen im Spinnteil und auch der übrigen Erzeugungsoperationen (Reckprozeß und Ausrüstung) hoch überschritten. Die Produktionseinheiten sind durch viele eigene Lösungen charakterisiert, wie z. B. durch eine hochleistungsfähige Extruderspinneinrichtung mit der Möglichkeit einer Anfärbung in der Masse nach dem Konzentratverfahren oder durch Injektionen.

Ein weiteres verwirklichtes Ergebnis der Forschungs- und Entwicklungsbemühungen stellt der Bau einer maschinen-technologischen Strecke für die Erzeugung texturierter Fasern für Polstermaterialien dar. Im Grunde handelt es sich um grobe monofile Fäden, die in eine Flüssigkeit gesponnen werden. Diese Fäden besitzen in der Möbelindustrie gegenüber den natürlichen Pflanzen- oder Tierfasern mehrere Vorteile:

- geringe Raummasse,
- vorzügliche Elastizität,
- Beseitigung des hygienisch nicht einwandfreien Milieus im Vergleich mit der Verarbeitung von natürlichen Fasern (Kokosfasern u. ä.).

In der Projektierung sind weitere Vorhaben. Es ist eine Tatsache, daß die Bedeutung der PP-Fasern auf dem textilen und technischen Sektor bei uns höher ist als unter Vergleichsbedingungen anderswo in der Welt. Wir sind auch von der Bemühung um eine optimale Bewertung des Rohstoffes für eine Umgestaltung in

Tabelle 1. Übersicht der Erzeugung von PP-Fasern in der ČSSR in t/Jahr

Jahre	1965	1966	1967	1968	1969	1. Halbjahr 1970
PP-Fasern	124	601	649	750	784	426

1) Vorgetragen von *J. Marko* auf dem 3. Internationalen Chemiefasersymposium in Dresden am 1. Dezember 1970.

Erzeugnisse geleitet, die die anspruchsvollen Anforderungen der Verarbeitungsindustrie und überhaupt des Verbrauchers erfüllen.

Unter den Bedingungen einer Mitarbeit der RGW-Länder kommt es zu einer Aufteilung der Programme und damit zur Vermeidung von Doppelarbeit. Damit sind zur Folge Möglichkeiten einer Anwendung der erreichten Ergebnisse aus der ČSSR gegeben.

3. Stand der Entwicklung und Erzeugung von PP-Fasern in der Welt

Die unterschiedliche Entwicklung von PP-Fasern gegenüber den übrigen synthetischen Fasern (PA, PE und PVY) muß man darin sehen, daß es im Verlauf der Entwicklung der drei Grundtypen synthetischer Fasern zu hohen Kapazitäten der Grundrohstoffe gekommen ist (DMT 200000 t/Jahr, TPA 185000 t/Jahr, Acrylnitril 300000 t/Jahr), bei denen die Erzeugungskosten niedrig sind. Wenn die Kapazitäten für das PP-Granulat auch schnell wachsen, so erreichen sie doch keine so hohen Tonnagen wie bei den Rohstoffen für PA-, PE- und PVY-Fasern. In der allernächsten Zeit tritt aber ein Preisausgleich mit Polyäthylen ein.

Ein weiteres unterschiedliches Element ist die Tatsache, daß die Firmen die umfangreichen Investitionsmittel für die Entwicklung der synthetischen Fasern gut ausnützen wollen und daher ungern die Konkurrenz eines weiteren Fasertyps sehen, der in der potentionellen Rohstoffgrundlage eine wie immer begründete Berechtigung hätte.

Der Unterschied in den Eigenschaften gegenüber den bisher dominierenden Typen synthetischer Fasern ist zwar nicht so auffallend, Polypropylenfaserstoffe unterscheiden sich aber:

- in den Anfärbeeigenschaften,
- in einer langsameren Erholung nach Belastungen,
- in einer unterschiedlichen Thermo- und Fotostabilität und
- in einem niedrigeren Schmelzpunkt, was aber nicht immer ein Mangel sein muß. Im gegebenen Falle ist es aber notwendig, den niedrigeren Schmelzpunkt bei den Mängeln anzuführen.

Aus den angeführten Grundunterschieden ergeben sich auch bestimmte technologische Verschiedenheiten, die einen erhöhten Kostenaufwand verursachen, wie die Notwendigkeit des Zusatzes von Wärme- und Lichtstabilisatoren, den Zusatz von Komponenten für die Oberflächenanfärbbarkeit bzw. den Zusatz von Pigmenten in die Masse zum Zwecke der Anfärbung in der Masse. Damit wird der unbestrittene Vorzug des billigeren Rohstoffes oft ausgeschaltet.

Trotz dieser Unterschiede ist bei der Verfolgung der Entwicklung der Erzeugung in der Welt [2] (und das in den Ländern mit hochentwickelter Industrie für synthetische Fasern) möglich, festzustellen, daß PP-Fasern eine steigende Entwicklung aufweisen und daß ihr prozentuales Anwachsen vergleichbar ist mit den übrigen synthetischen Fasern, vielleicht mit Ausnahme der Polyesterfasern.

Die Weltstatistiken unterscheiden leider nicht zwischen Polypropylen- und Polyolefinfasern. Wenn wir unterstellen, daß außer Monofilen aus Polyäthylen keine weiteren Polyäthylenfasern in größerem Umfang produziert werden, so können wir mit einem geringfügigen Fehler die statistischen Angaben über die Polyolefinfasern mit denen der Polypropylenfasern für identisch erachten. Eine weitere Eigentümlichkeit der Statistiken für Polyolefinfasern ist die Tatsache, daß man unter dem Begriff Seide den Teil der Produktion (Seide, Spaltfäden, fibrillierte Fasern) versteht, der in endloser Form gesponnen bzw. aus dem Film gespalten oder fibrilliert wird. Da sich diese Verfahren in der Industrie der einzelnen Länder schnell entwickeln, können wir nicht mit Genauigkeit bestimmen, wie groß der Anteil uns bekannter Seidentypen aus anderen synthetischen oder Cellulosefasern ist. Aus der Tabelle der Weltstatistiken muß die Feststellung genügen, daß sich PP-Fasern etwa so entwickeln wie der Durchschnitt des Zuwachsens der anderen synthetischen Fasern, da ihr Anteil an der Gesamterzeugung synthetischer Fasern verhältnismäßig konstant ist (Tabellen 2 und 3).

In Großproduktion werden PP-Fasern in den USA, in Japan, Italien, Großbritannien, Kanada, Argentinien und der ČSSR hergestellt, unter halbtechnischen Bedingungen in der Ungarischen Volksrepublik, in der Sowjetunion, Australien, Frankreich, in der Bundesrepublik Deutschland und auch in anderen Ländern. Wiewohl für das Polypropylengranulat eine riesenhafte Entwicklung vorausgesagt wird, sind die Prognosen weiterer Entwicklungstendenzen für die PP-Fasern bescheiden.

Tabelle 2. Weltproduktion von Polyolefinfasern (in Tausend jato)

Jahre	Westeuropa			Osteuropa			Nord- und Südamerika			Übrige Länder			Weltproduktion		
	H	S	Ges.	H	S	Ges.	H	S	Ges.	H	S	Ges.	H	S	Ges.
1963	3,63	4,09	7,72	—	—	—	15,44	1,36	16,80	7,72	4,09	11,81	26,79	9,35	36,32
1964	5,45	6,81	12,26	1,36	—	1,36	22,7	3,63	26,33	12,26	6,81	19,07	41,77	17,25	59,02
1965	9,54	7,72	17,26	1,36	—	1,36	32,23	5,90	38,14	13,62	5,90	19,52	56,75	19,52	76,27
1966	11,80	10,00	21,80	1,36	0,45	1,81	49,49	16,34	65,83	15,44	13,17	28,61	78,09	39,95	118,04
1967	17,25	12,26	29,51	1,81	0,45	2,27	58,11	20,88	78,99	18,61	20,43	39,04	95,79	52,03	149,82
1968	21,79	14,07	35,86	1,81	—	1,81	99,88	25,42	125,30	19,98	26,33	46,31	143,46	65,83	209,29
1969	24,52	19,07	43,59	3,18	1,36	4,54	99,88	29,97	129,85	22,25	31,78	54,03	149,82	182,17	231,99
Kap. 3/70	36,32	26,33	62,65	4,99	2,72	7,72	190,22	54,93	245,16	31,33	37,68	69,01	262,67	121,67	384,54
Kap. 12/71	57,20	26,78	83,99	6,36	4,99	11,35	237,89	65,83	303,72	35,41	49,03	84,44	336,87	146,64	483,51

Unter der Bezeichnung H sind außer den Seiden auch Monofile, gespaltene Bänder und fibrillierte Fasern zu verstehen.
Unter der Bezeichnung S sind Kabel und Flocke zu verstehen.

Tabelle 3. Quantitative Zunahme der PP-Fasern und ihr Anteil der Produktion synthetischer Fasern in einigen Ländern der Welt

Land	1965	1966	1967	1968	1969	Kapazität 3/1970	Kapazität 12/1971
USA-Erzeugung	36320	53000	66000	74300	84000	Erzeugung I. Quartal 29100	141000
Anteil in %	—	—	—	—	6,94	7,53	—
Japan-Erzeugung	8435	17713	20465	25000	26100	Plan 31752	—
Anteil in %	2,22	3,84	3,53	3,64	3,24	—	—
Italien-Erzeugung	8397	—	11798	13297	19200	Erzeugung 1970 22200	Kapazität 24000
Anteil in %	7,72	—	7,82	6,90	8,10	9,25	—
ČSSR-Erzeugung	124	601	649	728	850	Plan 1650	—
Anteil in %	1,28	5,17	4,24	4,34	3,50	—	—
Welt Anteil in %	3,72	4,75	5,20	5,53	5,27	6,40	6,57

4. *Technologische Prozesse für das Aufschmelzen und Spinnen*

Die Beziehung zwischen den Fließeigenschaften des Polypropylens und den Fasereigenschaften ist sehr wichtig und wurde in der ČSSR sowohl theoretisch als auch technisch mit Erfolg bewältigt.

Von den bekannten Polymertypen wurden für den technologischen Prozeß drei Grundtypen eingesetzt:

1. Auf einem Schmelzindex (MI) von 20 bis 23 dg/min thermisch abgebaute Polymere mit einer Grenzviskosität $[\eta]$ von 120 ml/g,
2. Polymere mit einem Schmelzindex von 14 dg/min ($[\eta] = 150$ ml/g).
3. Polymere mit einem Schmelzindex von 3 bis 5, die einen Zusatzstoff enthalten, der den Abbau erleichtert ($[\eta] = 184$ ml/g).

Zur Prüfung auf eine gute Spinnbarkeit und Reckbarkeit sowie zur Einschätzung des Schrumpfens der Polypropylenfasern werden neben den angeführten Kenngrößen wie Schmelzindex und Grenzviskosität auch andere Kriterien herangezogen. Ein wertvoller Parameter für die Prozeßführung ist auch der Index der Pseudoplastizität, der die Abweichung des Fließverhaltens vom *Newton*schen Fließverhalten ausdrückt (Anstieg der Tangente der Fließkurve bei der Schubspannung 10^5 dyn/cm²).

Der Index wird definiert durch die Beziehung $PI = 5 (\log MI_1 - MI_2)$, wo MI_1 der Schmelzindex ist, wie er unter normalen Bedingungen bestimmt wird (230 °C, 2,36 kg, L/d 8/3), und MI_2 der unter den gleichen Bedingungen, aber mit einer Masse von 1,363 kg bestimmte Schmelzindex ist.

Die unterschiedlichen Schmelzindices verschiedener Polymertypen zeigen auch Unterschiede in der Reckbarkeit und dem Schrumpf der Polypropylenfasern auf.

Für den Spinnprozeß wurden nach den Ergebnissen der Experimentalarbeiten mehrere Einrichtungen für die Produktion mit großer Kapazität entwickelt. Es handelt sich um einen Schmelzextruder mit vier unabhängig voneinander regelbaren Heizzonen und um einen anderen Schmelzextruder mit einer beheizten Zone, die eine laufende Dosierung von Zusätzen (z. B. Pigmentkonzentraten) direkt in den Schmelzextruder gestattet.

Ein Vorteil der Einzoneneinrichtung zum Schmelzen ist die indirekte Heizung, für die im Vergleich mit der direkten Heizung der Energiebedarf niedriger ist und weniger Meß- und Regeltechnik benötigt wird. Deshalb ist der Instandhaltungs- und Bedienungsaufwand gering.

Alle zugänglichen Polypropylenpolymeren mit entsprechender Verteilung der rel. Molekülmasse (Index der Pseudoplastizität) wurden im technologischen Prozeß untersucht. Die anschließenden Prozesse (Reckung, Weiterverarbeitung, Ausrüstung) sind abhängig vom Ausgangspolymeren und werden im Hinblick auf die Reckbarkeit, die physikalisch-mechanischen Eigenschaften und den Schrumpf vom Ausgangspolymeren entscheidend bestimmt.

5. *Technologische Prozesse des Reckens, der Weiterverarbeitung und Ausrüstung von Propylenfasern*

Zur Weiterverarbeitung im Anschluß an den Spinnprozeß wurden für großtechnische Erzeugung von PP-Stapelfasern (evtl. Kabel) von der tschechoslowakischen Maschinenindustrie Vorrichtungen entwickelt, die von den bekannten Kabelstrecken abweichen. Zu den grundsätzlichen Merkmalen zählt die Ablage in Kannen mit großer Kapazität, ferner eine Reckung unter wirksamer Erwärmung und die Beherrschung weiterer wesentlicher Operationen wie Kräuseln, Fixieren und Schneiden. Für besondere Arten von PP-Fasern muß zusätzlich z. B. auf einen Fixierungskalander eine Relaxation durchgeführt werden.

Ohne daß wir im Verlauf der Erarbeitung der technologischen Beziehungen vom Standpunkt der endgültigen Qualität eine der Prozeßoperationen unterschätzen wollen, hat die Deformation in Richtung der

Faserachse, also der Reckvorgang, die größte Bedeutung. Seine gute Reproduktion und Konstanz haben einen bedeutenden Einfluß auf die Gleichmäßigkeit des Erzeugnisses und dessen Eigenschaften. Die Hauptaufmerksamkeit wurde dem Schlüsselfaktor gewidmet, und zwar dem Heizkörper und der automatischen Regulierung der Wärme. Von den untersuchten drei Heizkörpern (Heizplatte, Heizstange und Heizwalze) wurden die effektivsten Typen ausgewählt, die bei richtiger Führung der übrigen Operationen bei der Herstellung der ungereckten Faser vom quantitativen Standpunkt aus (hohe Leistung einer Reckstelle) und vom qualitativen Standpunkt aus (Gleichmäßigkeit) günstige Ergebnisse gewährleisten.

In diesem Zusammenhang muß hervorgehoben werden, daß auch für den Prozeß der Reckung und Verformung bei der Herstellung von mechanisch gekräuselten PP-Kabeln ein neues Aggregat der Typenbezeichnung KK-2 und ein weiteres Aggregat KK-1 zur Verformung der gereckten Kabel entwickelt wurden. Eine vorteilhafte Lösung des Aggregats zeichnet sich besonders durch relativ wenig umbauten Raum, kleine Standfläche und auch die Abzugsgeschwindigkeit (400 bis 500 m/min) aus.

Eine sehr wichtige Angelegenheit ist auch die Wahl der Spinn- und der endgültigen Präparation, mit deren Hilfe sich die weitere Verarbeitbarkeit verbessert bzw. verschlechtert. Eine genaue Begrenzung der Dosierung, der pH-Wert, die antistatische Wirksamkeit, aber hauptsächlich ein sehr enger und genauer Umfang im Haftvermögen auf der Faser, sind in bedeutendem Maße entscheidend für die Verarbeitbarkeit. Die großen Unterschiede in den Verarbeitungseigenschaften (Teppich-Typen, Wolltypen, Fasern für Kunstleder oder Kollagenleder) bedingten eine Vielzahl von Problemen.

6. *Die Färbbarkeit von PP-Fasern*

Da Polypropylen ein vollkommen unpolares Kohlenwasserstoffpolymeres ist, das keine affinen Gruppen (N_2, O_2) enthält, läßt es sich oberflächlich nur schwer anfärben. Diese Eigenschaft ließ Polypropylenfaserstoffe fast nicht in solchen Einsatzgebieten zur Anwendung kommen, bei denen die Forderung auf eine Änderung mit der Mode besteht und für die sich eine festliegende Palette von Farbtönen durch Färben in der Masse nur schwer erfüllen läßt. Eine Beschränkung der Verwendung von PP-Fasern auf den technischen Sektor (wo ihre mechanischen Eigenschaften ausgenützt werden) würde eine weitere Entwicklung dieser Art synthetischer Fasern gewaltig schädigen.

Unzulänglichkeiten weiterer Art, hauptsächlich die Hydrophobie (Polypropylen ist nur wenig quellbar), ließen sich durch das Färben in der Masse und durch die Entwicklung von an der Oberfläche anfärbbaren PP-Fasern verhältnismäßig befriedigend lösen.

Die Verbesserung der Oberflächenanfärbung von Polypropylenfaserstoffen steht im Einklang mit der Entwicklung in der Welt. Auf diesem Gebiete werden große Anstrengungen unternommen. Die Forderung nach oberflächenanfärbbaren Polypropylenfaserstoffen kann erfüllt werden,

durch die Entwicklung neuer Farbstoffe für unmodifiziertes Polypropylen,
durch die Modifizierung des Polypropylens mit farbstoffaffinen Monomeren,
durch den Zusatz eines Metalladditivs in das Polymere, das eine Anfärbung ermöglicht.

In der ersten Gruppe, d. h. der Entwicklung spezifischer Farbstoffarten entsprechender Affinität zu Polypropylenfasern, haben wir keine ausreichenden Forschungs- und Entwicklungsergebnisse, weil es sich hier um einen anspruchsvollen und technisch wie auch ökonomisch wenig hoffnungsvollen Weg handelt. Wir sehen auch wenig Erfolgschancen, da es nur schwer gelingen wird, auf diesem Wege eine komplette Farbskala herzustellen.

Zur Modifizierung von Polypropylen wurden mehrere Wege beschritten (besonders der Zusatz von Epoxidharzen), die aber keine ausreichend befriedigenden Ergebnisse brachten. Von den Zusätzen, die den Anfärbeprozeß günstig beeinflussen, sind vier Metallgruppen bekannt, und zwar Al-, Cr-, Ni- und Zn-Salze sowie auch organische Metallsalze wie z. B. Al-Stearat und organische Nickelverbindungen von Fettsäuren, die außerdem auch als UV-Absorber auf die Beständigkeit gegen Lichtabbau wirken. Von diesen potentiellen Möglichkeiten her ist es möglich, gute (oberflächlich) anfärbbare Polypropylenfaserstoffe zu entwickeln.

7. *Das Färben der PP-Fasern in der Masse*

Um Polypropylenfaserstoffe trotz ihrer schlechten Oberflächenanfärbbarkeit auf den Markt bringen zu können, wurde das Färben in der Masse intensiv untersucht. Das Massefärben war eine Voraussetzung für die Einführung dieser Faser, noch bevor die Oberflächenanfärbung gelöst war.

Bei der Lösung des angeführten Problems konzentrierten wir uns auf zwei grundsätzliche Verfahren:

— das Konzentrat-Färbeverfahren,
— das Färben in der Masse mit Hilfe von Pasten.

Beide Verfahren sind nicht nur vom Standpunkt der Technologie der Herstellung geeigneter Konzentrate oder Pasten gelöst, sondern auch vom Standpunkt der erforderlichen Technik, die eine Durchführung sowohl in diskontinuierlichen wie auch kontinuierlichen Verfahren der Polyamid- wie auch der Polyesterfaserstoffe ermöglicht. Die Einführung der Massefärbung in kontinuierliche Prozesse bei Einhaltung der entsprechenden Qualität der erzeugten Faserstoffe halten wir auch für die Ausweitung auf weitere Faserstoffe (z. B. auf Polyamid- bzw. Polyesterfaserstoffe) für geeignet.

Einige Grundsätze, die wir für das Färben in der Masse zusammenfassen können, sind:

1. Die bisher verwendeten Pigmente sind in überwiegender Mehrheit spezielle organische Pigmente. In der ČSSR sind Cd-Pigmente vorderhand aus gesundheitlichen Gründen verboten.
2. Die Pigmente lösen sich in der Schmelze auf.
3. Die Pigmente müssen die Spinntemperaturen vertragen, d. h. sie müssen thermostabil sein.
4. Die Pigmente dürfen keine Klümpchen oder Zusammenballungen bilden.
5. Die Pigmente müssen gegen Lichtabbau stabil sein.

Die Pigmente als Beimischung zur Schmelze des Polymeren und in der Faser selbst sollten keine Verschlechterung der mechanisch-physikalischen Eigenschaften verursachen.

Ein wesentlicher Schwerpunkt bei der Herstellung gefärbter PP-Fasern nach dem Konzentratverfahren in der Masse ist die Herstellung des Konzentrats, das aus dem Pigment im Vorrat zubereitet wird. Das Konzentrat wird mit den Zusätzen in einer Zweischneckenkneteinrichtung erst geknetet und dann durch eine besondere Schmelzeinrichtung nach weiterer Durchknetung und Durchmischung mit Hilfe von Pumpen dem Polymeren zudosiert.

Die Injektionsfärbung wird auf zweierlei Art durchgeführt, und zwar mit Hilfe fester und flüssiger Pasten. Die festen Pasten haben den Vorrang, da wir mit diesen auch auf einen schwarzen Farbton färben können, wenn der Grundbestandteil des Pigments Ruß ist. Wegen ihrer großen Oberfläche und ihrer Feinheit bewirken Ruße, daß die Paste mit einem 15%igen Gehalt nicht mehr fließt, (sie ist schon bei einem Gehalt von 10% fest) Als Folge der Anwendung hoher Pigmentkonzentrationen ist auch der Bedarf des Trägers groß. Außer ökonomischer Gründe ist auch der Einfluß des Trägers auf die Eigenschaften der erzeugten Fasern negativ.

Die erfolgreiche Lösung des Färbens in der Masse und seine Einführung in die industrielle Praxis ist sehr schwierig. Vor allem ist die unterschiedliche Beziehung der Pigmente zur Beständigkeit der Polypropylenfasern gegen Lichtabbau wichtig. Während einige Farbstoffe (blau und schwarz) einen eindeutig stabilisierenden Einfluß haben, bewirken hingegen andere einen rascheren oder langsameren Lichtabbau.

Ein weiteres Problem betrifft die Änderung der Deckeigenschaften der Pigmente bei verschiedener Temperatur bzw. bei verschiedener Verweilzeit im geschmolzenen Polymeren. Dieser Umstand bedingt die Beschränkung des Abmischens von verschiedenen Pigmenten auf einen bestimmten Farbton in ein Konzentrat.

Die Zusammenstellung der Rezepturen, die Auswahl der Technologie des Färbens und die technische Kontrolle sind wichtige Faktoren zur Erreichung guter Ergebnisse.

8. Eigenschaften der PP-Fasern und deren Verwendung in den Verarbeitungszweigen

Die Vorzüge der PP-Fasern, bestätigt durch die Eigenschaften der fertigen Erzeugnisse, bestehen hauptsächlich in den preisgünstigen Rohstoffen, der Abriebfestigkeit, der geringen Raummasse, der guten Isolierfähigkeit, im Widerstand gegen Chemikalien und Mikroorganismen und in der leichten Reinigung. Ihre Konkurrenzfähigkeit wird wegen dieser Eigenschaften allgemein anerkannt. Die rasche Entwicklung dieser Materialien wird außer durch die Konkurrenz anderer Chemiefasern durch einige Mängel in den Eigenschaften verhindert, wie beispielsweise durch eine relativ niedrigere Beständigkeit gegen den Lichtabbau, die schwierige Oberflächenanfärbbarkeit, die langsame Rückformung nach einer Deformation (Trägheit in der Elastizität), einen schlechten Griff u. ä. Diese unzulänglichen Eigenschaften lassen sich durch Modifikation regulieren, und zwar so, daß es zu ihrer Erniedrigung auf ein tragbares Niveau kommt. Die vollständige Beseitigung der Mängel würde zu untragbaren Preisen führen. Keine Faser läßt sich zu einer universellen Faser umwandeln, die bei der Verwendung zu verschiedenen Erzeugnissen alle Anforderungen an die Eigenschaften erfüllt.

Bei uns wurden die optimalen Eigenschaften der Verarbeitbarkeit und der Erzeugnisse mit Rücksicht auf die charakteristischen Eigenschaften der PP-Fasern gestaltet. Mit Erfolg wurden für folgende Anwendungsgebiete der Einsatz von Polypropylenfasern im industriellen Maßstab gelöst:

Heimtextilien	genadelte Teppiche, eingenähte Teppiche, haarige Teppiche, Wilton- und Plüschteppiche u. ä., gewebte, evtl. eingenähte Decken aus 100% PP-Stapelfasern, Möbelbezugsstoffe (aus Streich- und Vigognegarn);
Wollindustrie	technische Filze, Futterstoffe für Schuhwerk, säurebeständige Kleidung;
Erzeugung von Schutzkleidung	hauptsächlich für die Arbeiter der chemischen Industrie;
Oberbekleidungsindustrie	Gewebe für Herren-Wintermäntel (Beimischung zu Mischgarnen), Gewebe für Damenmäntel, Gewebe für Kinder-, Herren- und Damenkleidung aus Streichgarn mit hoher metrischer Nummer in der niedrigen Preisstufe;
Bastfaserindustrie	Verpackungsmaterial, Tapeziermaterial vom Typ ARAJUT, Segeltuch, Seilerware;
Wirkwarenindustrie	Miederwaren, Strickware für Oberbekleidung;
Baumwollindustrie	leichte Segeltuche, Arbeitskörper, technische Gewebe, Molino, Köperware.

Damit ist keine vollständige Aufzählung der Anwendungen, besonders auf dem technischen Sektor, gegeben. Die Anwendung von Vliesen für synthetisches Leder hat sich entwickelt, auch die Verwendung für die Herstellung von Seilen, Fischereinetzen u. ä. ist möglich. In der tschechoslowakischen Textilindustrie offenbart sich eine spezielle Anwendung als Durchnähmaterial für ARACHNE, für die Herstellung von Arbeitsmänteln sowie auch für einige Uniformstoffe aus PP-Stapelfasern. Der ganze Bereich der Einstichtechnik hat in der PP-Stapelfaser, hauptsächlich grober Titer, einen hervorragenden Verbündeten.

Zusammenfassung

1. In diesem sachlichen Beitrag bemühten wir uns zu zeigen, daß in der ČSSR durch eine komplexe Entwicklung, vom Ausgangsrohstoff beginnend (vom PP-Granulat bis zu den Fertigprodukten), die PP-Faserstoffe (PP-Stapelfaser, PP-Technische Seide, gekräuselte PP-Fasern für Polstermaterialien) im technischen Maßstab mit Erfolg eingeführt wurden und daß sich weitere Arten von PP-Erzeugnissen

auf einem hohen Entwicklungsstand befinden, wie z. B. die strukturell und mechanisch gekräuselten Endlosgarne (Grobgarne), glatte und texturierte PP-Seide u. a.

2. Die Schlüsselfragen zur Lösung technologischer Kernprobleme für das Spinnen und die übrigen Operationen wurden im Anschluß an die Untersuchung der Grundlagen gelöst; durch die orientierte Grundlagenforschung wurde ermöglicht, auch eine vom Standpunkt der physikalischen Parameter verhältnismäßig breite Skala der PP-Granulate zu beherrschen.

3. In Anknüpfung an die Herstellungstechnologie der einzelnen Sortimente wurde auch eine eigene Technologie (Maschinen, Meß- und Regeltechnik) entwickelt, wodurch komplette Verfahren auf der Basis tschechoslowakischer Entwicklung erreicht wurden.

4. Bis zur Lösung der Oberflächenanfärbung wurde das Färben in der Masse angewendet, und zwar nach dem Konzentratverfahren wie auch durch Pasten. Diese Verfahren ermöglichen es, ein ausreichendes Sortiment von Farbnuancen auf dem Verarbeitungssektor sicherzustellen.

5. Unter Berücksichtigung der Eigenschaften von PP-Fasern wurde ein Sortiment von Erzeugnissen für den textilen und technischen Sektor ausgewählt, das sich ständig erweitert und präzisiert.

Literatur

[1] *Marko, J., Jambrich, M.*, und *Diačik, I.*: Derzeitiger Stand in der Entwicklung der Polypropylenfasern und ihre Verarbeitung in der Textilindustrie. Vortrag auf dem 3. Wissenschaftlichen Kongreß „Chemiefaserstoffe", Leipziger Frühjahrsmesse 1967, Leipzig, 8.—10. 3. 1967.

[2] Textile Organon **41** (1970) 6, S. 89—105.

Eingegangen am 1. Dezember 1970

Untersuchungen zur Morphologie der Glasseide[1]

Gottfried Wiedemann

Deutsche Akademie der Wissenschaften zu Berlin, Institut für Technologie der Fasern in Dresden

DK 677.521:539.2:535.827.2:537.533.35

Es wird über phänomenologische Eigenschaftsuntersuchungen berichtet, die Rückschlüsse auf das morphologische Verhalten der Glasseide zulassen.
Im Interesse der Darstellung charakteristischer Eigenschaften wurden insbesondere chemische (Problematik der Kationbeweglichkeit, selektive Lösevorgänge), thermische (dilatometrisches Verhalten, differentialthermoanalytische Untersuchungen) und physikalische (E-Modul, ESR-Untersuchungen) Methoden eingesetzt. Die hieraus gezogenen Schlüsse führen in Verbindung mit mechanischen Betrachtungen, resultierend aus erhaltenen Spannungszuständen, zur Ableitung eines morphologischen Charakteristikums nach Art einer Schraubenlinie. Anhand von licht-, elektronen- und hochtemperaturmikroskopischen Methoden kann eine derartige Struktur nachgewiesen werden. Abschließend wird eine Vorstellung über die Entstehung der Schraubenlinienstruktur entwickelt, die Ansatzpunkte für eine vergleichende Betrachtung organischer und anorganischer Faserstoffe bietet.

Исследование морфологии стекловолокна

Приводятся результаты феноменологических исследований свойств стекловолокна, позволяющие сделать выводы о его морфологии. С целью охарактеризовывания важнейших свойств применялись, в частности, химические (изучение подвижности катионов, селективные процессы растворения), термические (дилатометрия, ДТА) и физические методы (определение модуля эластичности, изучение ЭПР-спектров). Сделанные на этом основании выводы в сочетании с рассмотрением механических свойств, исходя из установленных напряженных состояний, приводят к выведению морфологического критерия в виде винтовой линии. Наличие этой структуры можно доказать с применением методов световой и электронной микроскопии, а также микроскопии при высоких температурах. В заключение высказывается представление о возникновении структуры в виде винтовой линии, позволяющее проводить сравнительное рассмотрение органических и неорганических волокон.

Investigations on the Morphology of Glass Filaments

Investigations on the properties are reported which allow to infer to the morphology. Chemical (cation mobility, selective dissolution), thermal (dilatometry, DTA) and physical (Youngs modulus, NMR-investigations) methods were applied to cover the most significant properties. From the results obtained, combined with consideration on internal stresses, morphological characteristics based on a helix structure are derived. This structure was established by electron and optical microscopy, particularly at high temperatures. Finally, a concept of structure formation is suggested, which allows comparative considerations of organic and inorganic fibres.

1. Einleitung

Wie bereits das 2. gibt nun auch das 3. Internationale Chemiefasersymposium Gelegenheit, einige Probleme der Glasseidenforschung vorzutragen. Trotz der Stoff- und Eigenschaftsunterschiedlichkeit zwischen organischen und Glasfaserstoffen konnten mehrfach Gemeinsamkeiten dieser Gebiete herausgestellt bzw. vermutet werden. Es ist unser Anliegen, über spezielle Eigenschaftsuntersuchungen zu berichten, die Rückschlüsse auf das morphologische Verhalten der Glasseide zulassen, und die einige Ansatzpunkte für eine vergleichende Betrachtung beider Faserstoffgattungen bieten können.

Im Interesse der Prägnanz der Darstellung wäre es vorteilhaft, von einer Theorie des Glasseidenzustandes auszugehen, in die die Einzelergebnisse eingeordnet werden können. Es existiert eine Anzahl von Erkenntnissen und Gesetzmäßigkeiten, die insbesondere Zusammenhänge zwischen den Glasfadeneigenschaften einerseits und andererseits

[1]) Vorgetragen auf dem 3. Internationalen Chemiefasersymposium in Dresden am 4. Dezember 1970.

- dem Elementarfadendurchmesser und den Oberflächenfehlern,
- der chemischen Zusammensetzung,
- den Herstellungsparametern,
- der Glasseidenveredlung und
- den Expositions- und Prüfbedingungen

sichtbar werden lassen. Gesicherte Bezugnahmen auf strukturelle und morphologische Daten liegen jedoch nur vereinzelt vor. Als Untersuchungsobjekte dienten Glasseiden verschiedener Zusammensetzungen, Feinheiten und Herstellungsverfahren; in Betracht gezogen wurden alkalifreie Aluminium-Bor-Silicatgläser (diese sind als sogenannte E-Glasseide bekannt), ferner alkalihaltige Seiden vom Typ der Alkali-Calzium-Silicat- bzw. Alkali-Bor-Silicatgläser (kurz A-Seiden genannt).

Die E- bzw. A-Glasseiden sind wie alle Gläser anorganische Mehrkomponenten-Schmelzpunkte, die ohne Kristallisation in den starren Zustand abgekühlt wurden. Als glasbildende Oxide treten im wesentlichen Siliciumdioxid und teilweise Boroxid auf. Für den Fall des Hauptglasbildners kann eine räumliche Anordnung angenommen werden, wobei sich $[SiO_4]$-Tetraeder ausbilden. Diese $[SiO_4]$-Tetraeder sind jeweils über die Ecken verknüpft und bilden auf diese Weise ein dreidimensionales Netzwerk.

Während im Kristall die Tetraeder regelmäßig angeordnet sind, bilden sie im Glas ein unregelmäßiges Netzwerk. Die glasbildenden Komponenten bezeichnet man deshalb als Netzwerkbildner.

Es können Oxide der meisten Metalle mit den Glasbildnern kombiniert werden. Dadurch findet eine Aufspaltung des Netzwerks statt, und es kommt zu Trennstellen im Gerüst der Glasbildner. Durch die in den Hohlräumen befindlichen Kationen, wie Natrium, Kalium, Calcium, werden die Eigenschaften des Glases abgewandelt; diese Oxide bezeichnet man deshalb als Netzwerkwandler.

Die Komponentenvielzahl im Glas bildet nach neueren Anschauungen keine einheitliche und homogene Phase. So führten u. a. elektronenmikroskopische Untersuchungen an Glasbruchflächen und säurebehandelten Proben zur Theorie der mikroheterogenen Struktur [1]. Wir haben es hiernach mit einem polyphasigen Aufbau zu tun, wobei die Phasen als Bezirke mit differenzierter chemischer Zusammensetzung im Bereich von > 100 Å charakterisiert werden können. Diese können gegebenenfalls bis zur tröpfchenförmigen Entmischung reichen.

Der Zustand des noch nicht ersponnenen Ausgangsglases in seiner „massiven" Form soll hier als *Basiszustand* gekennzeichnet werden. Ist dieses Glas zu einem Faden verformt worden, wird vom *Glasseidenzustand* gesprochen. Entsprechend werden die Begriffe Basisstrukturzustand bzw. Glasseidenstrukturzustand verwendet.

2. *Untersuchungen zur Auslaugbarkeit*

Die einwertigen netzwerkwandelnden Kationen verfügen im Glasverband über eine gewisse Beweglichkeit [2]. Es wurden Untersuchungen zur Abgabe von Na_2O unter Wassereinwirkung, insbesondere bei Variierung der thermischen Behandlung, durchgeführt. Bild 1 zeigt die Na_2O-Abgabe eines Alkaliglases über der Behandlungszeit für verschiedene Temperaturparameter. Für den Basiszustand dieses Alkaliglases ist es charakteristisch, daß mit steigender Temperatur und Verweilzeit die Alkaliabgabe aus dem Glasverband zunimmt. Entsprechend Bild 2 kann für den Glasseidenzustand der gleichen Zusammensetzung gefolgert werden, daß hierbei zunächst eine größere Kationbeweglichkeit gegenüber dem Basisstrukturzustand gegeben ist, was auf eine geringere Behinderung durch die Netzwerkbildner, also auf eine offenere Struktur, hinweist. Temperungen der Glasseide behindern zunächst das Migrationsvermögen der Netzwerkwandler, offensichtlich bewirkt durch einsetzende Strukturverdichtungen. Diesem Vorgang entgegengerichtet ist die Erhöhung der Diffusionsgeschwindigkeit infolge Temperaturerhöhung, wobei der erstgenannte Vorgang abgebremst (Minimumsdurchgang) und im weiteren Verlaufe der letztgenannte Vorgang dominierend wird.

Analoge Folgerungen sind aus Dichteuntersuchungen zu ziehen (Bild 3). Aus dieser für alle Mehrkomponentenzusammensetzungen qualitativ geltenden Darstellung der Faserstoffdichte über steigender Temperatur unter Angabe einiger Zeitparameter geht hervor, daß mit steigenden Temperbedingungen eine Dichtezunahme erfolgt, und zwar in Richtung auf den Basiszustand hin. Auch hieraus ist zu schließen, daß dem Seidenzustand eine aufgeweitete Struktur gegenüber dem

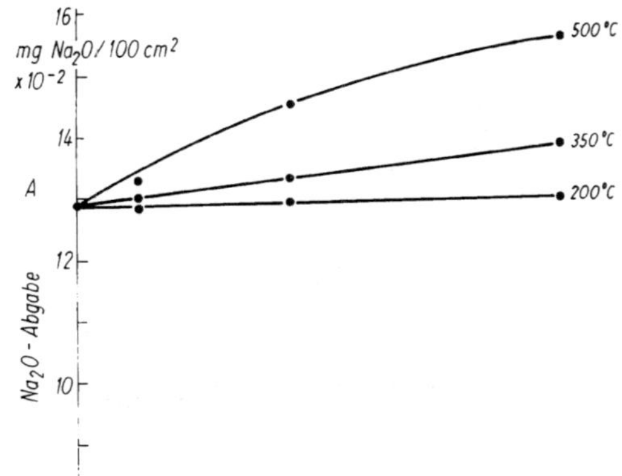

Bild 1. Na_2O-Abgabe in H_2O
$A = f(t)$ für versch. T
Ausgangsglas, gepulvert, gleiche Korngröße

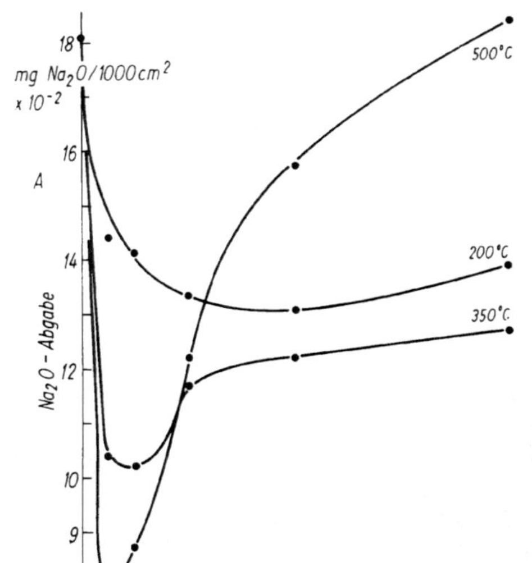

Bild 2. Na_2O-Abgabe in H_2O
$A = f(t)$ für versch. T
Glasseide 10 μm

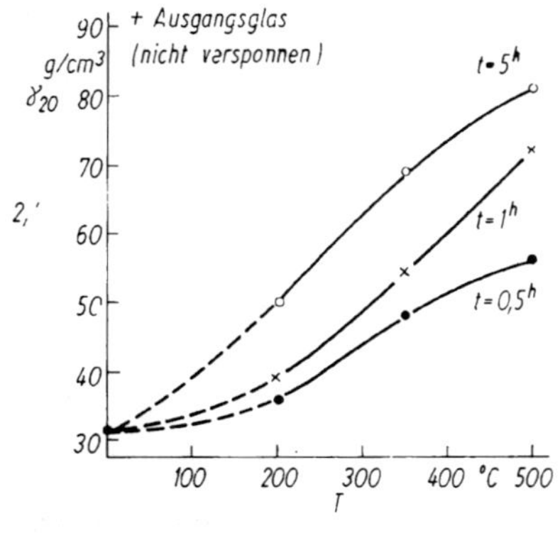

Bild 3. Dichte γ^{20} einer Alkaliglasseide
$\gamma^{20} = f(T)$ für versch. t

Basiszustand zugeschrieben werden muß, die durch Temperungen abgebaut wird. Weitere Besonderheiten sollen durch die Untersuchung an mehrwertigen Kationen in E-Glasseiden dargestellt werden, die durch Schwefelsäurebehandlungen aus dem Glasverband gelöst werden (Bild 4).

Diese Darstellung gibt die Masse des Gelösten für Al_2O_3, MgO, CaO und B_2O_3 über der Einwirkungszeit für Parameter der Säurekonzentration und -temperatur an. Es ist ersichtlich, daß mit steigender Konzentration, Zeit und Temperatur die zweiwertigen netzwerkwandelnden Kationen Mg und Ca im erhöhten Maße aus dem Glasverband herausgelöst werden. Der Angriff ist dabei nicht nur auf die Glasseidenoberfläche beschränkt. Aber auch das im Prinzip zur Netzwerkbildung befähigte Al_2O_3 und B_2O_3 geht zum großen Teil in Lösung.

Aus einer analogen Darstellung im Bild 5 ergibt sich, daß durch thermisch bewirkte Strukturumwandlungen

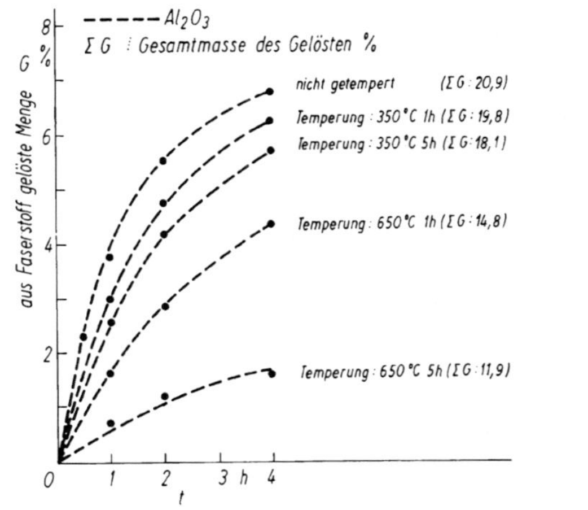

Bild 5. Aus E-Glasseide (9 µm) Gelöstes
$G = f(t)$
$K = 1$ n H_2SO_4, $T = 80$ °C
(vor der chemischen Behandlung variiert getempert)

der Austritt von Kationen durch eingetretene Verdichtungsvorgänge behindert wird.

Im Zusammenhang mit diesen Ergebnissen interessiert die Frage, in welchem Umfang und in welcher Weise durch Säurebehandlungen die Faserstoffoberflächenschicht verändert wird. Es wurden hierzu Wasseradsorptionsisothermen in Abhängigkeit von verschiedenen Vorbehandlungszuständen chemischer und thermischer Art aufgenommen. Aus den Verläufen im Bild 6 ist zu erkennen, daß mit steigender Säurekonzentration bei der Glasseidenbehandlung eine größere Wasserdampfsorption eintritt. Diese läßt auf eine jeweils größere spezifische Oberfläche und eine Ober-

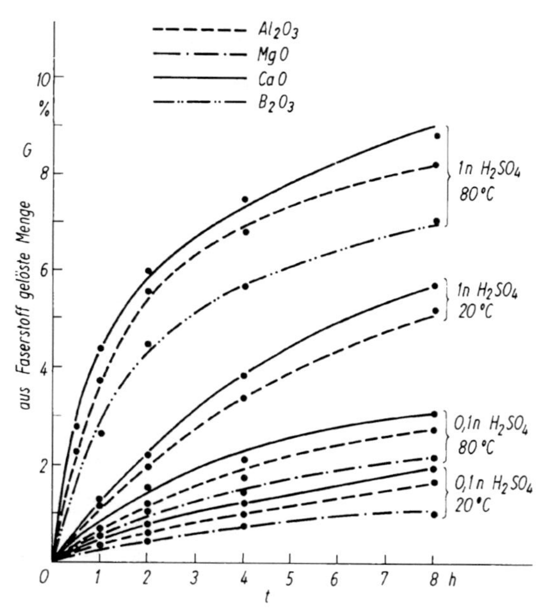

Bild 4. Aus E-Glasseide (9 µm) Gelöstes
$G = f(t)$ für versch. K und T
$K = 0{,}1$ n und 1 n H_2SO_4
$T = 20$ und 80 °C
(vor der chemischen Behandlung nicht getempert)

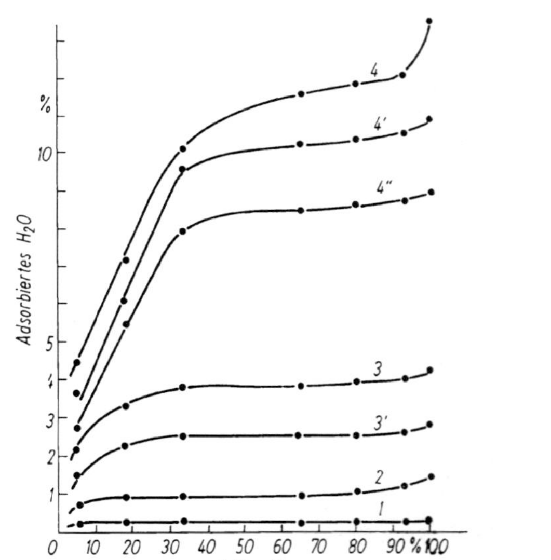

Bild 6. Wasseradsorption H_2O_{ads} E-Glasseide (9 µm) für verschiedene Vorbehandlungen:

1: keine
2: 0,1 n H_2SO_4 80 °C 1 h
3: 1 n H_2SO_4 80 °C 1 h
4: 3 n H_2SO_4 80 °C 1 h
′: Wärmebehandlung vor der chemischen Behandlung 350 °C 5 h
″: Wärmebehandlung vor der chemischen Behandlung 650 °C 5 h

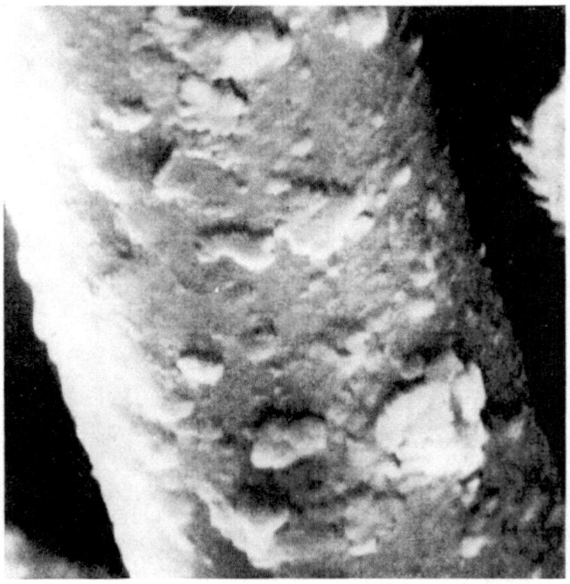

Bild 7. Rasterelektronenmikroskopische Aufnahme einer säurebehandelten E-Glasseide (9 µm)

flächenporigkeit schließen [3]. Durch Thermobehandlungen, die vor der Säurebehandlung durchgeführt wurden, verringert sich die Oberflächenporigkeit der Glasseide. Es zeigt sich hiernach, daß auch bei den Glasseiden eine mikroinhomogene Struktur vorhanden ist (Bild 7). Das rasterelektronenmikroskopisch gewonnene Bild säurebehandelter E-Seiden legt einige Wesenszüge dieser Struktur dar. Die durch eine starke Blatternarbigkeit gekennzeichnete Oberfläche läßt die Polyphasigkeit der Struktur erkennen. Man kann annehmen, daß die Mikroheterogenität nicht nur für das Basisglas, sondern auch für den Glasseidenstrukturzustand charakteristisch ist.

Die vorangegangenen Untersuchungen zeigten, daß nicht nur Netzwerkwandler (Mg, Ca) durch Säurebehandlungen gelöst werden, sondern auch solche, die als Netzwerkbildner auftreten können, beispielsweise B_2O_3. Es wurde untersucht, ob durch Lösen der Boratphase Änderungen der Glasfadenabmessungen auftreten, und zwar infolge der offeneren Strukturmerkmale der Seide gegenüber dem entsprechenden Basisstrukturzustand. Zu diesem Problem wurden Studien zur Längenänderung von Glasfäden während der Säurebehandlung vorgenommen.

Das Bild 8 zeigt die Fadenlängenkontraktion über der Expositionszeit in Säure bei 80 °C, und zwar für verschiedene Elementarfadendurchmesser von E-Glasfäden. Aus diesen und analogen Versuchen geht hervor, daß

— ein Grenzwert der Kontraktion asymptotisch angestrebt wird, der bei ca. 5,5% liegt; das gilt für alle geprüften Elementarfadendurchmesser im Bereich bis 12 µm; daß ferner
— mit steigender Säurekonzentration und -temperatur die Kontraktionsgeschwindigkeit steigt und
— mit guter Annäherung sich die Kontraktionsgeschwindigkeiten umgekehrt proportional verhalten wie die Elementarfadendurchmesser.

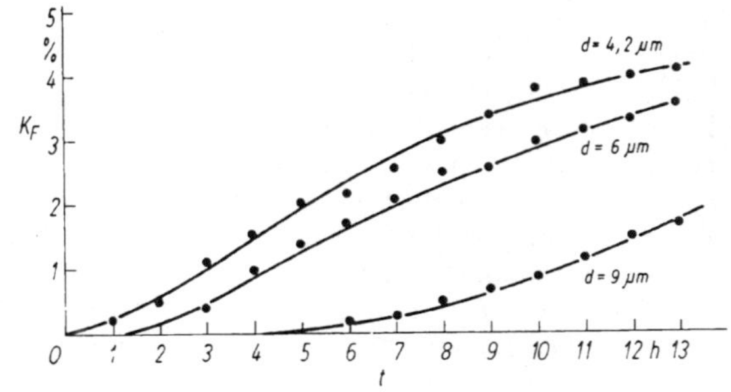

Bild 8. Fadenlängenkontraktion $K_F = f(t)$ für verschiedene Elementarfadendurchmesser d
E-Glasseide in 1 n H_2SO_4 $T = 80\,°C$

Die Untersuchung, die im Bild 9 zusammengestellt wurde, gestattet Rückschlüsse auf die Auswirkungen von thermischen Fadenbehandlungen, die vor der Säureexposition stattfanden. Sie zeigt, daß mit größerwerdender thermischer Vorbehandlung nach Temperatur und Verweilzeit jeweils geringere Kontraktionswerte gefunden werden. Studien an Glasseiden mit variierter Zusammensetzung ergaben, daß nur Glasseiden mit einem ausgeprägten Borsäureanteil eine Längenkontraktion aufweisen. Als Begründung wird angenommen, daß das SiO_2-Hauptnetzwerk durch den Fadenbildungsprozeß eine Deformation im Sinne einer Aufweitung erfahren hat [4], wobei eine zusammenhängende unabhängige Boratphase vorliegt. Diese umgibt das SiO_2-Netzwerk, und zwar so, daß zwei möglicherweise miteinander verflochtene Netzwerksysteme — bestehend aus SiO_2 und B_2O_3 — vorhanden sind. Der selektiv wirkende Mineralsäureangriff löst die Borsäurephase, die bis dahin eine gewissermaßen abstützende Funktion für das aufgedehnte Kieselsäurenetzwerk des Glasseidenzustandes ausübte. Deshalb kann das Kieselsäuregerüst unter Kontraktion seine strukturstabile Lage einnehmen. Bereits vor dem Säureangriff stattgefundene Strukturumlagerungen in Richtung auf den stabilen Basiszustand verringern die Größe der Kontraktion. Nach dieser Hypothese handelt es sich bei den hier beschriebenen Vorgängen um eine chemisch bewirkte Kontraktion der Glasseide. Diese wird jedoch nicht wie die thermische Kontraktion von einer Dichtezunahme des Faserstoffs begleitet, da die Auswirkungen im Hinblick auf ausgelöste Glasbestandteile größer sind als die Wirkungen der SiO_2-Netzwerkverdichtung.

3. *Thermische Untersuchungen*

Thermische Untersuchungen zielten darauf ab, auf dilatometrischem Wege das Ausmaß der thermischen

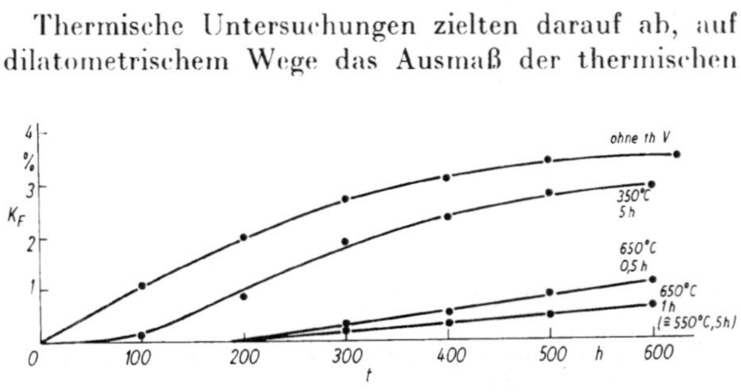

Bild 9. Fadenlängenkontraktion $K_F = f(t)$ für verschiedene thermische Fadenvorbehandlungen
E-Glasseide $d = 6$ µm in 2 n H_2SO_4 $T = 20\,°C$

und chemischen Verdichtungseffekte näher zu bestimmen, Umwandlungsbereiche für die Seiden mit variierter Vorbehandlung zu erkennen sowie diese mit bereits abgeleiteten Folgerungen zu vergleichen.

Über den Verlauf der Längenänderung ΔL als Funktion der Haltezeit bei vorgegebener konstanter Temperatur und nach Abkühlen orientiert das Bild 10. Mit der Aufheizung kommt es zunächst zur thermisch bedingten Ausdehnung. Im Verlaufe der Haltezeit der eingestellten Temperatur treten Strukturänderungen ein, die eine geringe Längenkontraktion bewirken. Nach der Abkühlung im Dilatometer werden bei dem vorgegebenen Temperaturregime Kontraktionswerte gemessen, die um 0,3% liegen. Im Verlaufe der Wärmebehandlung geht eine allgemeine Relaxation der Verformung des Glasgerüstes vor sich; es verdichtet sich durch Verkleinerung der zwischenmolekularen Abstände. Um einen Zusammenhang zwischen der Dichtezunahme und der Längenkontraktion herzustellen, wurden jeweils bei gleichen Temperaturen und Verweilzeiten Messungen beider Größen vorgenommen. Die Auswertung dieser Ergebnisse, durchgeführt für drei verschiedene Glaszusammensetzungen, zeigt die Tabelle 1.

Hieraus ergibt sich, daß Änderungen der Dichte, wie schon *Otto* [5] ausführte, nicht allein auf die Änderungen der Fadenlänge zurückgeführt werden können. Die thermische Verdichtung ist eine Volumenverdichtung, die auch zur Fadendurchmesserkontraktion führt. Wertangaben hierzu wurden in der letzten Zeile als Rechenwerte eingetragen. Es kann abgeleitet werden, daß im Glasseidenfaden mit Spannungszuständen zu rechnen sein wird, und zwar in axialer und radialer Richtung.

Bei der Untersuchung im Bild 11 wurde die Längenänderung ΔL als Funktion konstant ansteigender Temperatur vorzugsweise unter Berücksichtigung einer variierten Wärmevorgeschichte der Glasseide dargestellt. Die unbehandelte Glasseide (Kurve 1) besitzt bei ca. 410°C einen charakteristischen Punkt: es setzen hierbei Substanzverdichtungen ein, die sich in

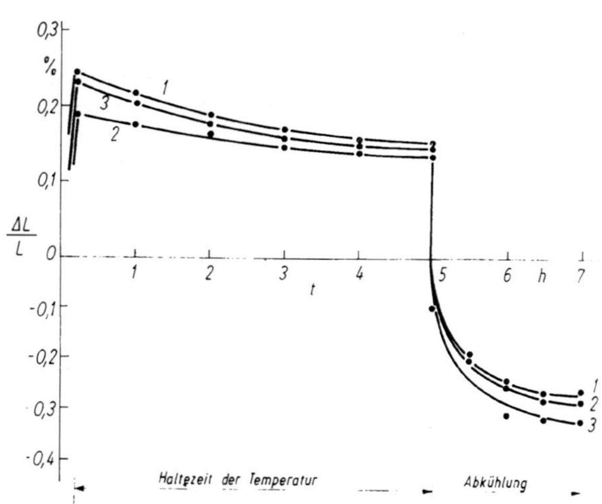

Bild 10. Längenänderung ΔL bei konstanter Temperatur $\Delta L = f(t)$
1: E-Glasseide (9 µm) 650°C
2: A-Glasseide (10 µm) 500°C
3: A-Glasseide (7 µm) 500°C

Tabelle 1. Relative Änderungen am Glasseidenfaden durch thermische Verdichtung

	Glasseide		
	E (9 µm)	Nr. 7 (7 µm)	CT 651 b (10 µm)
Wärmebeanspruchung	620 bis 650°C, 5 h	450 bis 500°C, 5 h	450 bis 500°C, 5 h
Dichteänderung in %	+0,80	+0,96	+1,93
Fadenlängenänderung in %	−0,26	−0,27	−0,31
Fadendurchmesseränderung in %	−0,33	−0,4	−0,8

Verkürzungen der Fadenlänge äußern. Erkennbar ist ferner der Transformationsbereich mit dem ihm zugehörigen Umwandlungspunkt T_G. Die bereits durch Tempervorbehandlung und nachfolgend langsame Kühlung strukturverdichtete Probe (Nr. 2 in Bild 11) zeigt einen geringeren Wärmeausdehnungskoeffizienten [6] und ein Wärmedehnungsverhalten, das dem des Basisstrukturzustandes gleichkommt. Vergleicht man die Verläufe für die Kurven 1 und 2, so kann hieraus geschlossen werden:

Beim Herstellungsvorgang der Seide, der durch eine schnelle Temperaturverminderung des aus der Glasschmelze geformten Fadens charakterisiert werden kann, folgt ab einer bestimmten Temperatur die Anpassung der Struktur an die ihr entsprechende Temperatur nicht mehr in übereinstimmender Weise. Je rascher der Viskositätsrückgang ist, desto höher ist der Nichtgleichgewichtszustand zwischen Struktur und Temperatur, der dem Faden aufgeprägt wird. Es entsteht

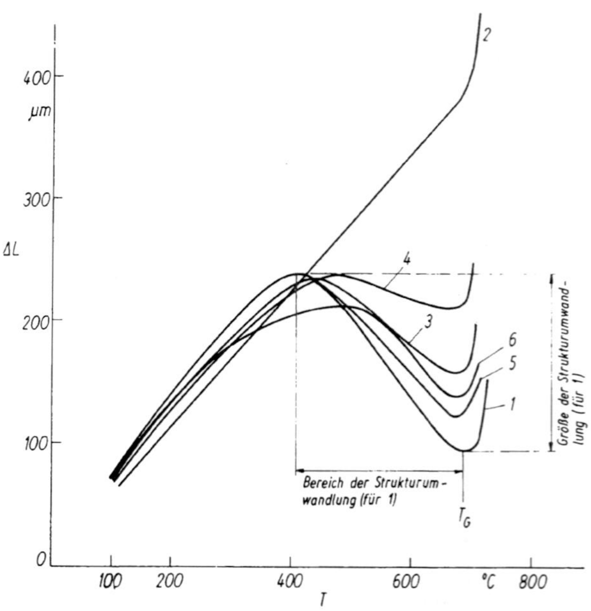

Bild 11. Längenänderung $\Delta L = f(T)$ E-Glasseide
1: Ausgangszustand (9 µm)
2: Wärmebehandlung 650°C 1 h (9 µm)
3: Wärmebehandlung 450°C 1 h (9 µm)
4: Wärmebehandlung 550°C 1 h (9 µm)
5: abgeätzte Oberflächenschicht (HF), sonst wie 1
6: Ausgangszustand (20 µm)

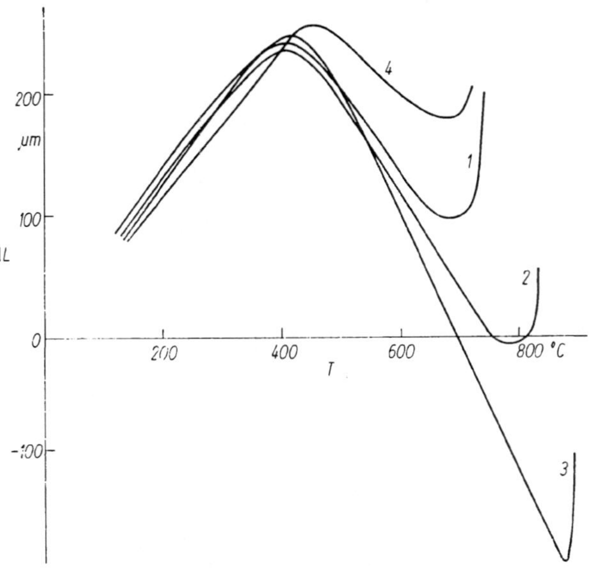

Bild 12. Längenänderung $\Delta L = f(T)$ E-Glasseide (9 µm)
1: Ausgangszustand
2: 0,1 n H_2SO_4 80°C 1 h
3: 1 n H_2SO_4 80°C 1 h
4: 2 Jahre bewettert

im Faden ein metastabiler Zustand, der sich in den gezeigten Strukturbesonderheiten äußert. Die schon mehrfach erwähnte offenere Struktur kann charakterisiert werden durch ein aufgedehntes SiO_2-Netzwerk und eine geringere Packungsdichte der Strukturelemente. Wird der entstandene Faden wieder erwärmt, so nimmt die Viskosität ab. Als Folge davon kann die Beweglichkeit der Strukturelemente in einer solchen Weise zunehmen, daß strukturelle Umgruppierungen in Richtung auf den stabilen Basiszustand hin erfolgen (Kurven 3 und 4). Für Fäden mit einem jeweils ausgeprägteren Nichtgleichgewichtszustand (vgl. die Kurven 1 und 6) kann festgestellt werden, daß der Bereich der Strukturumwandlung größer ist. Die Kräfte, die die Struktur in das Gleichgewicht bringen, werden bereits bei geringeren Temperaturen wirksam. Ferner ist der Bereich der Größe der Strukturumwandlung breiter, d. h., das Ausmaß der zu verrichtenden Strukturumwandlungsarbeit ist umfangreicher.

Nun ist es denkbar, daß durch den Prozeß der Fadenabkühlung bei der Herstellung eine besondere Fadenoberflächenschicht dergestalt gebildet wird, daß diese eine Zone repräsentiert, die bei höherer Temperatur eingefroren wurde. Sofern diese Annahme richtig ist, müßte eine Glasseide mit abgeätzter Oberflächenschicht eine Funktion $\Delta L = f(T)$ aufweisen, bei der eine geringere Strukturumwandlung auftritt. Wie die Kurve 5 zeigt, ist dies tatsächlich auch der Fall. Wir erkennen das nach oben verschobene Minimum. Der hierdurch zu charakterisierende Strukturaufbau weist auf geringere Strukturaufweitungen beim Übergang in das Fadeninnere hin. Er gestattet aber nicht die Ableitung, daß strukturell streng zu unterscheidende Kern- und Mantelbereiche vorhanden sind.

Im Bild 12 wird gezeigt (vgl. die Kurven 2 und 3 mit der Kurve 1), daß bei säurebehandelten Proben infolge des Austritts von Kationen das „Spiel" für die Be-

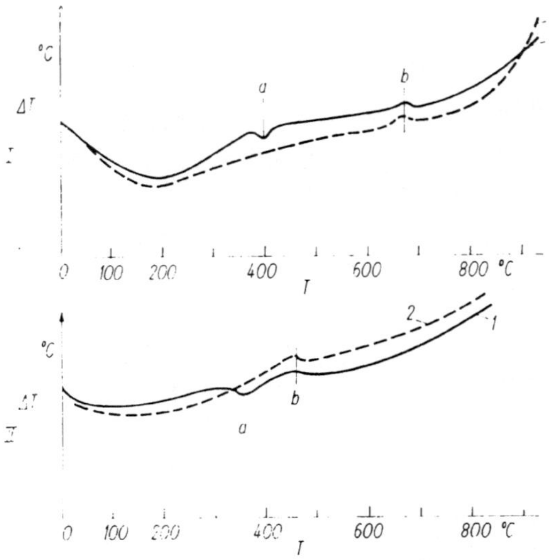

Bild 13. Differential-Thermogramme
I: E-Glas II: A-Glas
1: Basiszustand 2: Glasseide

weglichkeit der SiO_2-Strukturaggregate weiter geworden ist. Das äußert sich in dem erheblich größer gewordenen Ausmaß der Strukturumwandlung. Außerdem ist der Transformatonsbereich zu höheren Temperaturen hin verschoben. Die Begründung liegt in dem höheren SiO_2-Gehalt dieses modifizierten Glasfaserstoffes. Es ist ferner zu erkennen (Kurve 4), daß langzeitige Bewetterungen zu einem Strukturzustand der Seiden führen, der dem von Thermobehandlungen nahekommt. Im Verlaufe einer längeren Exposition im Freien wird der Glasseidenstrukturzustand abgebaut, was auch bei Festigkeitsuntersuchungen festgestellt werden kann.

Mit Hilfe differential-thermoanalytischer Untersuchungen (Bild 13) konnten zwischen Seide und Basisglaszustand im Hinblick auf den Umwandlungsbereich keine wesentlichen Unterschiede gefunden werden (in Bild 13 mit b bezeichnet). Für die Glasseide wurden Peaks (in Bild 13 mit a bezeichnet) festgestellt, die beim Basiszustand nicht auftraten. Aus dem Vergleich mit den zugehörigen Wärmedehnkurven kann gefolgert werden, daß es sich um ein Temperaturcharakteristikum handelt, bei dem der metastabile Zustand abgebaut wird.

4. *E-Modul und ESR-Untersuchungen*

Um die erhaltenen strukturbezogenen Daten zu ergänzen, wurden weitere physikalische Methoden eingesetzt. Versuche, über den statisch ermittelten E-Modul zu einer Kenntniserweiterung zu gelangen, waren nicht ergiebig. Aussagefähiger erwies sich der aus Schwingungsversuchen an Elementarfäden abgeleitete E-Modul. Die Fäden wurden zu den bekannten Schwingungsformen angeregt. Aus Frequenz-, Dichte-, Längen- und Durchmessermessungen wurde unter Beachtung der Genauigkeit der Meßmittel der dynamisch gewonnene E-Modul ermittelt.

Dem Bild 14 ist zu entnehmen, daß mit höherer Feinheit der E-Modul geringer ist. Am Faden durchgeführte Temperungen führen zu einer E-Modul-

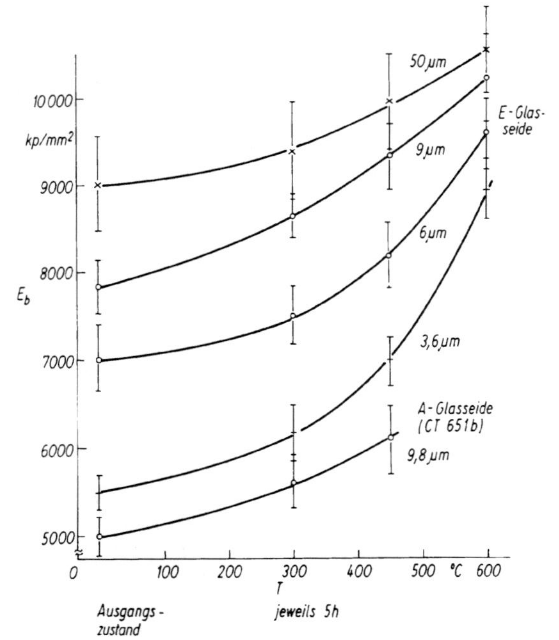

Bild 14. Aus Schwingungsversuchen ermittelter E-Modul $E_b = f(T)$ $t = 5$ h für verschiedene Glasseidenzusammensetzungen und Fadendurchmesser

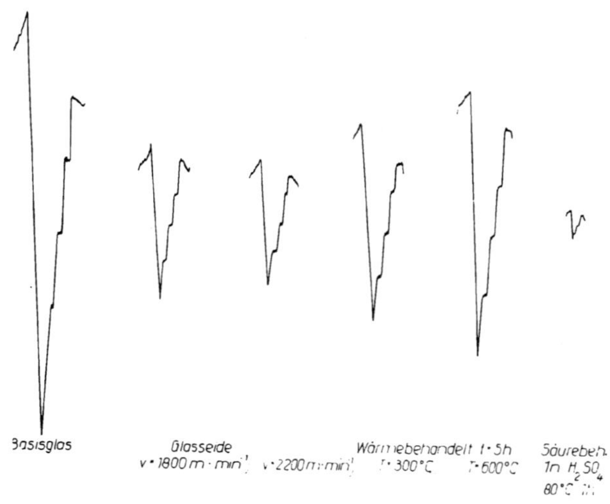

Bild 15. ESR-Untersuchungen an E-Glas
g-$\text{Wert}_{eff} = 4{,}26$ H_{102}-Resonator
Intensitätsstandard $CaSO_4 \cdot 5\,H_2O$

erhöhung, wobei das Steigungsmaß der Modulzunahme über der Temperatur für feinere Fäden größer ist. Auch diese Aussagen weisen darauf hin, daß der Glasseidenstrukturzustand ein aufgedehntes Skelett und eine geringere Packungsdichte der Strukturelemente repräsentiert. Dadurch ist eine größere Beweglichkeit der Elemente im elastischen Spannungsfeld gegeben. Temperungen führen zu einer dichteren Struktur, was die Beweglichkeit der relaxierenden Elemente erschwert.

Weitere Ableitungen können aus Säurebehandlungen gezogen werden, für die die Ergebnisse aus E-Modulbestimmungen der Tabelle 2 zu entnehmen sind. Durch Mineralsäurebehandlungen aus dem Glasverband ausgelöste Kationen bewirken starke Steifigkeitsverminderungen. Abätzungen der Oberfläche des Glasfadens ergeben in der Tendenz gesteigerte E-Modulwerte. Das stützt die anläßlich der Wärmedehnungsuntersuchungen diskutierte Folgerung, wonach gewisse Unterschiede der Strukturaufweitung — über den Fadenquerschnitt hin gesehen — bestehen.

Weitere Aussagen können aus Elektronenspinresonanzuntersuchungen abgeleitet werden (Bild 15). Zunächst kann festgestellt werden, daß die elektronische Konfiguration abweicht, wenn die Strukturzustände für das Basisglas und die Glasseide betrachtet werden. Infolge der in etwa gleichen Linienbreiten ergibt sich, daß bei beiden Zuständen die Fernordnung gleich ist. Prinzipiell andersgeartete Strukturen sind also nicht zu erwarten. Nach *Shevelevič* [7] kann abgeleitet werden, daß beim Übergang in den Glasseidenstrukturzustand die Anzahl nichtpaariger Elektronen zunimmt, was durch ein partielles Aufreißen von kovalenten Bindungen beim Ziehvorgang bedingt sein kann. Wir nehmen an, daß dies auf ein Verzerren des Netzwerkes in axialer Richtung zurückzuführen ist. Das Aufreißen kovalenter Bindungen nimmt zu, je schneller der Fadenbildungsvorgang erfolgt. Durch Thermobehandlungen wird die Glasseidenstruktur geändert; auch hierbei kann wieder eine Annäherung an den Basiszustand festgestellt werden. Die Zunahme der Anzahl nichtpaariger Elektronen ist im Mineralsäure-Behandlungszustand besonders ausgeprägt. Das ist durch die bereits angeführten Ergebnisse aus Löseversuchen verständlich.

5. *Mikroskopische Untersuchungen*

Mit Hilfe optischer Methoden wurde versucht, morphologische Elemente der Glasseidenstruktur sichtbar zu machen. Im lichtmikroskopischen Bild erscheint die Glasseide bekanntlich glatt und strukturlos. Mineralsäurebehandlungen an E-Glasseide (Bild 16) lassen die von *Bobeth* beschriebene Scheinlumenbildung erkennen [8]. In Verbindung mit den diskutierten Lösevorgängen können wir folgern, daß es sich bei dem zu erkennenden Mantel um eine porige Oberflächenschicht — bestehend aus nicht in Lösung gegangenem SiO_2 — handelt, für die die ausgeprägten Wasseradsorptionsisothermen charakteristisch waren.

Tabelle 2. E-Modul für verschiedene chemische Fadenbehandlungen (E_b in kp/mm²)

Glasseide Typ Ø µm	Ausgangszustand	behandelt mit 1n H_2SO_4 20 °C 1 h	1n H_2SO_4 80 °C 2 h	1% HF 1 min	1% HF 4 min
E 6	7050 ± 400	5200 ± 260	2025 ± 330		
E 9	7800 ± 240			8250 ± 260	8550 ± 280
A 9,8	5040 ± 230	4725 ± 180	4350 ± 160	5450 ± 180	5875 ± 210

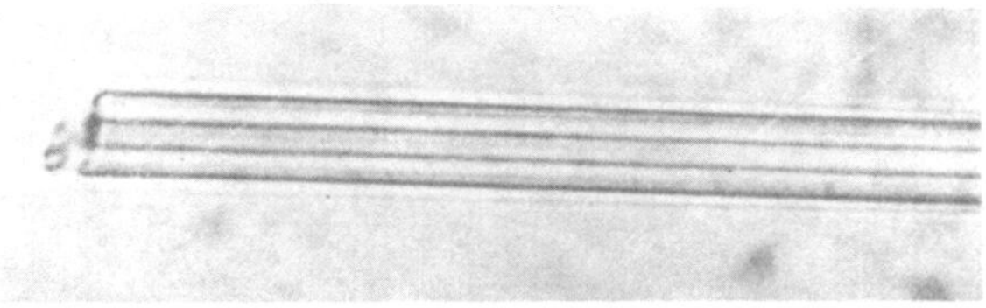

Bild 16. Lichtmikroskopische Aufnahme einer schwefelsäurebehandelten E-Glasseide, 9 µm (Scheinlumenbildung)

Bild 17. Lichtmikroskopische Aufnahme einer schwefelsäurebehandelten E-Glasseide, 9 µm (Schraubenlinieneffekt)

Ab einer bestimmten Stufe der Mineralsäurebehandlung zeigen sich bei lichtmikroskopischer Betrachtung Schraubenlinienstrukturen, siehe hierzu das Bild 17. Die Schraubenlinien sind von ausgezeichneter Regelmäßigkeit. Diese morphologische Erscheinung erkennt man noch klarer bei rasterelektronenmikroskopischen Studien (Bild 18).

Im Bild 19 wurde der Mineralsäureangriff noch weiter gesteigert. Hiernach kann vermutet werden, daß das SiO_2-Netzwerk eine wendelförmige Beschaffenheit besitzt.

Das elektronenmikroskopische Schattenbild (Bild 20) gibt Hinweise auf die Formen der schraubenlinienförmigen Kerben, die den Fadenumfang umgeben. An der Oberfläche abgerundet, laufen sie auf das Fadeninnere spitz zu.

Die im Bild 21 dargestellte elektronenmikroskopische Querschnittsaufnahme verdeutlicht den Verlauf der

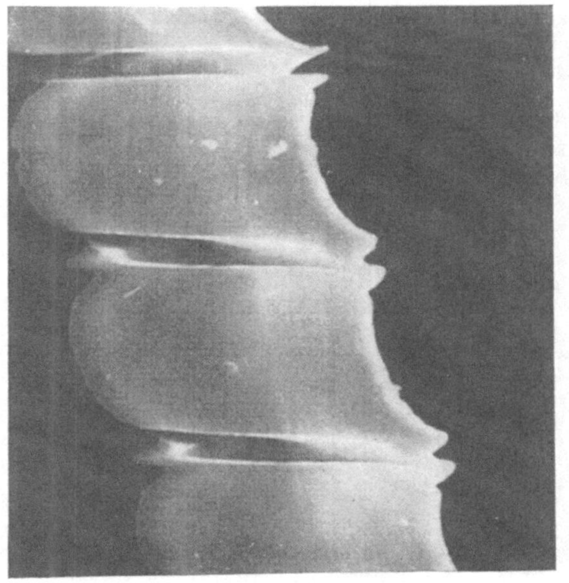

Bild 19. wie 18

Schraubenlinie. Die Narbigkeit im Inneren kennzeichnet das bereits zitierte Scheinlumen, das die ursprüngliche mikroheterogene Struktur der Glasseide veranschaulicht. Der als Mantel erscheinende Kreisring verkörpert die Mikroporigkeit, die durch den Auslaugprozeß entstanden ist.

Wir bemühten uns nun, die offensichtlich vorhandene SiO_2-Schraubenlinienstruktur zu isolieren, was mit Hilfe der Hochtemperaturmikroskopie gelang. Im Bild 22a und b wurden aus der Oberflächenzone des Glasseidenfadens die Netzwerkwandler sowie das offensichtlich in den Außenlagen angereicherte und in abgesonderter Phase vorliegende B_2O_3 entfernt und die Reste unter dem Mikroskop ausgeschmolzen. So konnte die SiO_2-Wendel thermisch herauspräpariert werden. Das Vorhandensein dieses morphologischen Elementes bestätigt die An-

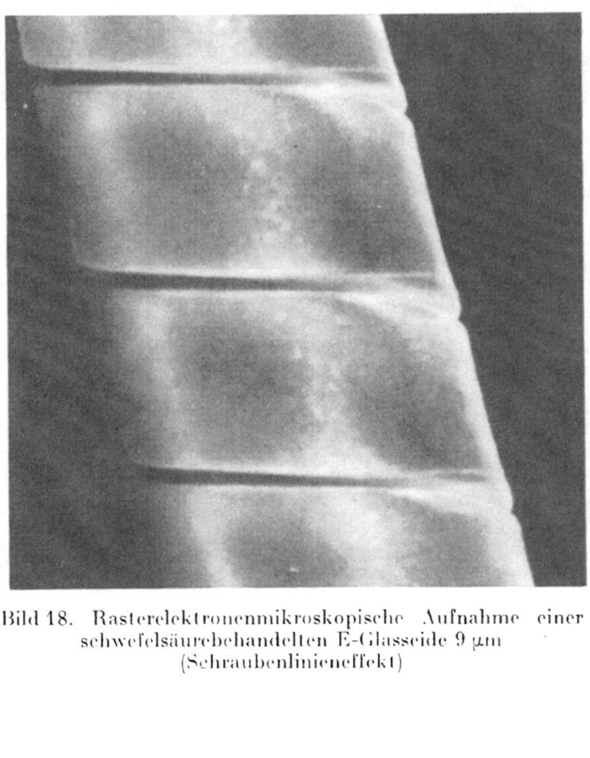

Bild 18. Rasterelektronenmikroskopische Aufnahme einer schwefelsäurebehandelten E-Glasseide 9 µm (Schraubenlinieneffekt)

Bild 20. Elektronenmikroskopisches Schattenbild E-Glasseide 9 µm (Schraubenlinieneffekt)

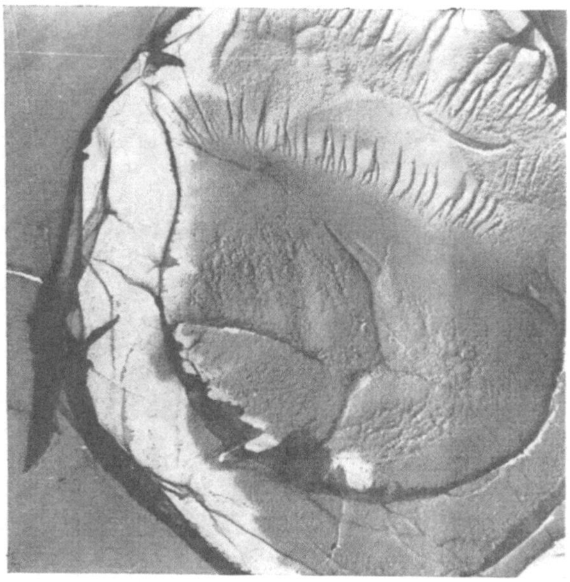

Bild 21. Elektronenmikroskopische Querschnittsaufnahme E-Glasseide, 9 µm (Schraubenlinieneffekt)

nahme, daß im Glasfaden (zumindest) zwei wendelartig miteinander verflochtene Netzwerksysteme, bestehend aus SiO_2 und B_2O_3, vorhanden sind. Sie sind dadurch charakterisiert, daß sie strukturell abgetrennte Phasen bilden. Man hat es also mit Entmischungserscheinungen beim Mikrophasenaufbau zu tun, da Phasengrenzen nachweisbar und partielle Löslichkeiten gegeben sind.

Diese Vorstellung ist durch Untersuchungen an Glasfäden zu präzisieren, die variiert thermisch behandelt wurden. Wir hatten bereits festgestellt, daß durch thermische Behandlungen am Glasfaden die Packungsdichte der Strukturelemente erhöht wird. Dies erkennt man auch an der Schraubenlinienstruktur, siehe hierzu Bild 23. Der Winkel, der zwischen Faserachse und Schraubenlinie ausgebildet wird, vergrößert sich durch thermische Fadenbehandlungen.

Wie das Bild 24 zeigt, führen Temperungen zu Winkeln um 90°, verbunden mit Abschäleffekten der Mantelzone nach Art einer „Kolbenringbildung".

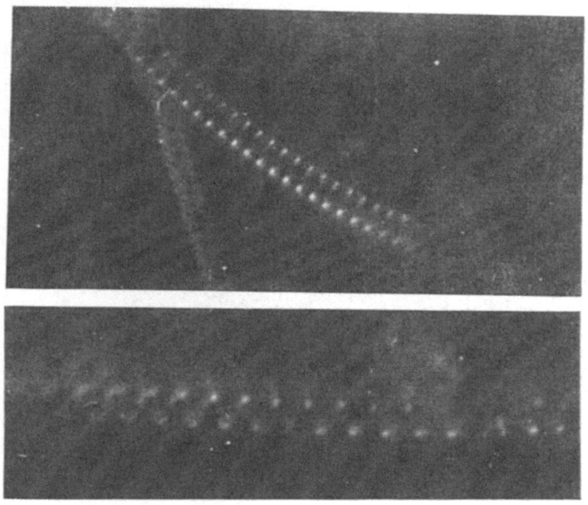

Bild 22a und b. Hochtemperatur-Lichtmikroskopische Aufnahme einer E-Glasseide (9 µm) mit Schraubenlinieneffekt

Bild 23. Lichtmikroskopische Aufnahme von E-Glasseiden (9 µm) mit Schraubenlinieneffekt (nicht thermisch vorbehandelt und thermisch vorbehandelt)

6. Diskussion einer Modellvorstellung zur Morphologie

Sehr stark vereinfacht kann hierzu folgendes Modell angenommen werden: In Bild 25 kennzeichnet

1 die SiO_2-Wendelstruktur im nichtgetemperten Glasfaden,
2 die morphologische Struktur einer geringen Thermobehandlung und
3 die einer starken Thermobehandlung.

Die hier geschilderten Untersuchungsergebnisse bezogen sich auf Seiden vom E-Glastyp, für die abgesonderte SiO_2–B_2O_3-Phasen nachgewiesen werden konnten. Es erhebt sich nun die Frage, ob die gezeigten Erscheinungen insbesondere im Hinblick auf die SiO_2-Wendel auch auf andere Glaszusammensetzungen (z. B. A-Glasseiden) zutreffen.

Mit Hilfe der Hochtemperaturmikroskopie konnten Strukturen erkannt werden, die von einfacher Querstreifigkeit (Bild 26) bis zu angedeuteten Schraubenlinien (Bild 27) reichten. Deshalb kann angenommen werden, daß gleiche Gesetzmäßigkeiten des Erscheinungsbildes morphologischer Charakteristika für Glasseiden anderer Zusammensetzung ebenfalls zutreffend sind.

Mit der hier auf experimenteller Basis entwickelten Modellvorstellung ist man in der Lage, einige Eigenschaftsabhängigkeiten besser zu begründen: so z. B.

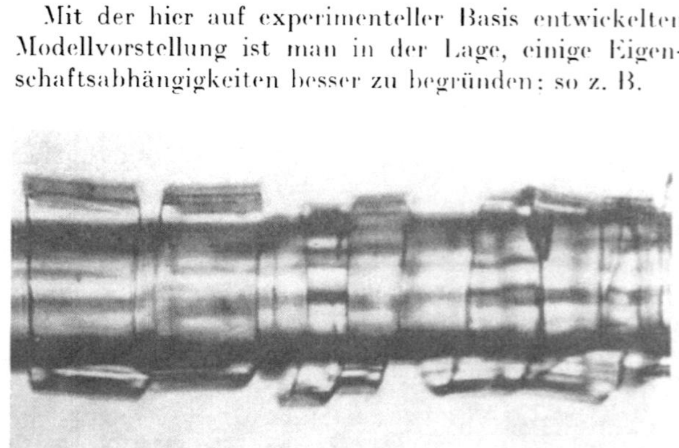

Bild 24. E-Glasseide (9 µm) mit Abschäleffekten der Mantelzone

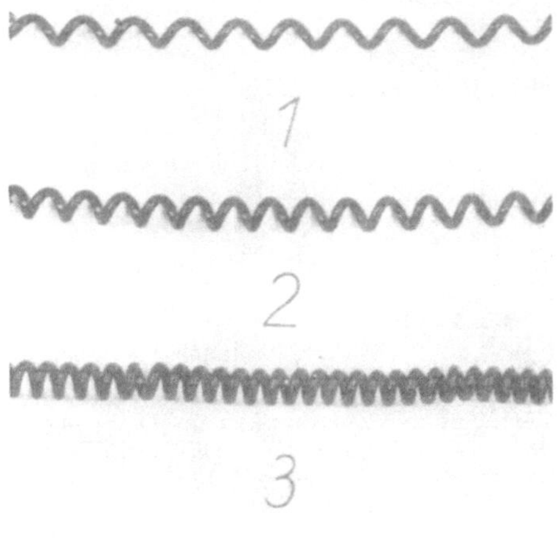

Bild 25. Stark vereinfachte Modellvorstellung der SiO_2-Wendelstruktur

- die Abhängigkeit der Festigkeit von chemischen und thermischen Behandlungen sowie von Alterungseinflüssen,
- die Auswirkungen des thermischen Verdichtungseffekts, wonach durch Thermobehandlungen der Glasseide die Dichte, der Brechungsindex, der E-Modul, die thermische Leitfähigkeit und die spezifische Wärme ansteigen,
- der Fragenkomplex der chemisch bewirkten Kontraktion.

In einem Referat anläßlich des 4. Wissenschaftlichen Kongresses „Glas — Glasseide — feuerfeste Keramik" 1968 in Leipzig äußerte *Bobeth* im Rahmen der Diskussion der Eigenschaften thermobehandelter Glasfäden die Vermutung, daß hierdurch die beim Spinnprozeß gestreckten Si–O–Si-Elemente ihren natürlichen gewinkelten Lagezustand wieder einnehmen [9]. Diese Einschätzung kann heute mit höherer Sicherheit angenommen werden. Auch die von *Vogel* [10] aufgestellte Hypothese, nach der die die Festigkeit maßgeblich beeinflussenden Kerbstellen bzw. *Griffith*-Taschen mit den Phasengrenzen tröpfchenförmiger Mikroentmischungsbezirke in Verbindung gebracht werden, gewinnt an weiterer Beweiskraft.

Es können ferner die von *Slayter* [11], *Prebus* und *Michener* [12] sowie *Zarzycki* und *Mezard* [13] geäußerten Vermutungen über das Vorhandensein gewundener Kettenstrukturen bei der Glasseide bestätigt und, wie dargelegt, präzisiert werden.

Wir sind heute nicht in der Lage, die beschriebenen Phänomene wissenschaftlich hinreichend zu klären. Der Versuch, die Entstehungsweise qualitativ zu deuten, soll jedoch unternommen werden.

Die Skizze *1* in Bild 28 soll uns als Modell für den soeben die Düsenöffnung verlassenden Glasseidenfaden dienen. Die Deformation ist mit einer Volumenvergrößerung verbunden. Der Herstellungsvorgang ist mit einer Oberflächenvergrößerung gleichzusetzen, es wird Arbeit gegen Oberflächenenergie verrichtet. Mit der Oberflächenvergrößerung tritt eine adiabatische Abkühlung der Oberfläche ein, hinzu

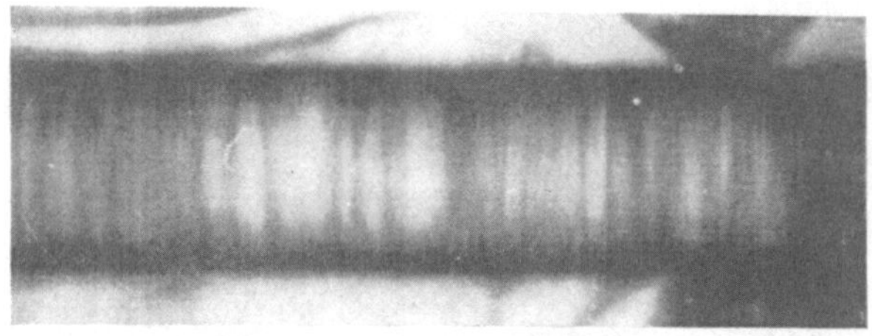

Bild 26. Hochtemperatur-Lichtmikroskopische Aufnahme einer A-Glasseide (9 μm) — „Querstreifigkeit" —

Bild 27. Hochtemperatur-Lichtmikroskopische Aufnahme einer A-Glasseide (9 μm) — „angedeutete Schraubenlinien" —

kommt noch die gleichsinnig wirkende Abkühlung durch Leitung und Strahlung [14]. Das hat zur Folge, daß die Fadenoberflächenzone erheblich zäher ist als das Fadeninnere, an der Oberfläche also bereits das Einfrierstadium beginnt. Die Oberflächenzone erreicht die Temperatur des Transformationsintervalls, und bei weiterer Abkühlung wird die Kontraktion der Oberfläche geringer. Das Fadeninnere zieht sich wegen seiner noch über T_G liegenden Temperatur stärker zusammen. Wir wollen dies durch die Skizze *2* des Modells versinnbildlichen. Dieser Prozeß schreitet weiter fort, bis auch das Fadeninnere T_G unterschreitet, der Endzustand ist erreicht. Man erkennt die sich ausbildende Schraubung. Hierzu soll einschränkend vermerkt werden, daß diese grobe Vorstellung nicht annähernd die ganze Komplexität der Fadenbildung widerspiegelt, sie sollte jedoch eine gewisse Denkhilfe darstellen.

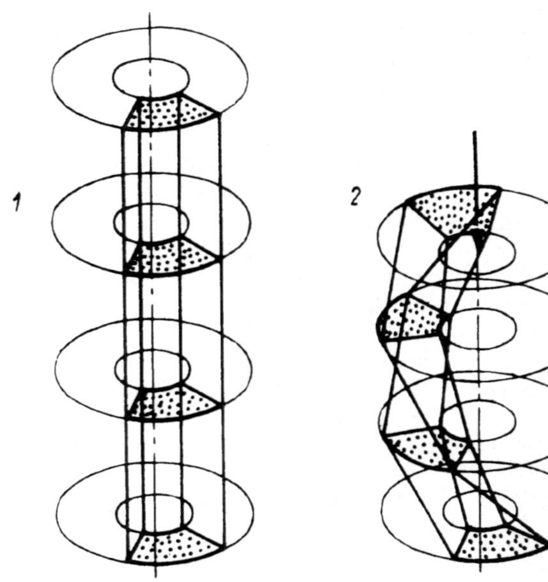

Bild 28. Modell für die Entstehung der Schraubenlinie

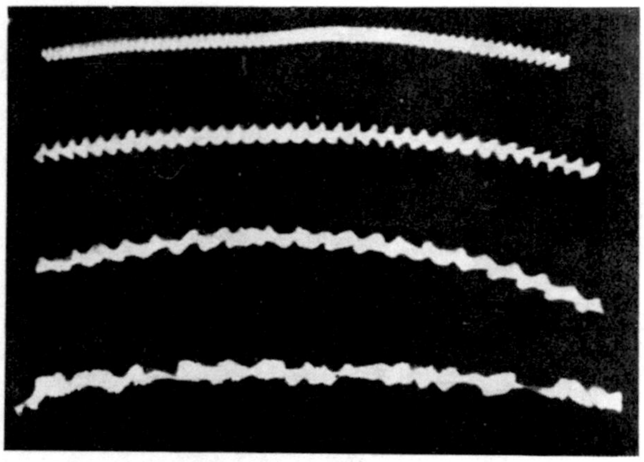

Bild 29. Wendelartige Erscheinungen an ausgespritztem Polyäthylen [17]

Bei der Betrachtung dieses morphologischen Phänomens der Glasseide kann man nun gewisse Parallelen zur Schmelztextur bei Chemiefaserstoffen aus organischen Polymeren erkennen. Die von *Vinogradov* [15] bzw. *White* [16] verwendete elastische *Reynolds*-Zahl bzw. die *Weißenberg*-Zahl zum Studium der Erscheinungen der Schmelztextur geht bekanntlich zurück auf die am oben genannten Modell auftretenden Spannungen. Es konnte mehrfach gezeigt werden, in letzter Zeit von *Menges* und *Johannaber* [17], daß und wie bei Überschreitung einer bestimmten Schergeschwindigkeit wendelartige Erscheinungen auftreten. Bei Überschreiten eines u. a. vom Basismaterial (in diesem Falle Polyäthylen) abhängigen Schwellwertes wurden die im Bild 29 gezeigten Formen in folgenden Stadien erhalten:

— Verformung zu einer wendelförmigen Konfiguration,
— abwechselndes Austreten relativ glatter Teilstücke, unterbrochen durch stark verwirbelte, kürzere Zonen,
— unruhiger Strang, der aus linsenförmigen Teilen besteht.

Auch an Schmelzspinnfäden können zum Teil derartige Erscheinungen erkannt werden. Eine Analogie hierzu wäre unter Hinweis auf *Dolmetsch* [18] denkbar, der charakteristische Fältelungen, Querstreifigkeit und Schrägverschiebungen an Polyamid-, Polyester- und Polyacrylnitrilfaserstoffen feststellte.

Interessant ist in diesem Zusammenhang ein Hinweis von *Aslanova* [19], die annimmt, daß „Ketten" in der Glasschmelze vorhanden sind, die sich beim Ziehvorgang faseraxial orientieren.

Dieser Vortrag sollte über einige neue Untersuchungen an Glasfäden berichten und dabei Aspekte der Besonderheiten der Glasseidenstruktur im Vergleich zum Basisglas sowie der Morphologie der Glasseide herausarbeiten. Gemeinsamkeiten zwischen den Forschungsgebieten der Chemiefaserstoffe und der Glasseide wurden in der Vergangenheit trotz gegebener Spezifik mehrfach erwähnt. Es wird angenommen, daß auch der Stoffverformungs- und -veredlungsprozeß für beide Gebiete Parallelen aufweist, die durch wechselseitige Durchdringung im Interesse der Weiterentwicklung beachtet werden müssen.

Herrn Professor Dr.-Ing. habil. *Bobeth* sowie den Herren Dr. *Barthel*, Dr. *Frenzel* und Dr. *Jacobasch* bin ich für förderliche Diskussionen dankbar, ebenso Herrn Dr. *Müller* von der TU Dresden.

Frau *Fischer* und Fräulein *Matzke* betreuten technische Arbeiten mit großer Sorgfalt, auch ihnen gilt mein herzlicher Dank.

Literatur

[1] *Vogel, W.:* Struktur und Kristallisation der Gläser. Leipzig: Verlag f. Grundstoffind. 1965.
[2] *Scholze, H.:* Glas. Braunschweig: Vieweg & Sohn 1965.
[3] *Aslanova, M. S.:* Zugfestigkeit der Glasseiden und der Seiden aus glasigem SiO_2 in Abhängigkeit vom Oberflächenzustand und von der Mikrostruktur. Verres et Réfr. **22** (1968) 6, S. 585—588.
[4] *Aslanova, M. S., Postnikov, V. S., Balasov, Ju. S., Ivanov, N. V.*, und *Saina, Z. I.:* Relaxationserscheinungen in feinen Glasseiden. Abdruck der Vorträge auf der V. Unionskonferenz über den Glaszustand (26. bis 30. 5. 1969 in Leningrad).
[5] *Otto, W. H.:* Compaction effects in glass fibers. J. amer. ceram. Soc. **44** (1961) S. 68—72.
[6] *Bloch, K. I.:* Thermische Ausdehnung und Struktur der Glasseiden. Izv. Akad. Nauk SSSR, Ser. Neorg. mat. **2** (1966) 7, S. 1280—1284.
[7] *Shevelevič, R. S.:* Paramagnetische Elektronenresonanz in Glasfasern. Izv. Akad. Nauk SSSR, Ser. Neorg. mat. **2** (1966) 2, S. 390—394.
[8] *Bobeth, W.*, und *Schöne, A.:* Mikroskopische Untersuchungen an Glasfaserstoffen. Faserforsch. u. Textiltechnik **17** (1966) 5, S. 214—220.
[9] *Bobeth, W.:* Zur wachsenden Bedeutung der Glasseide. Silikattechnik. Sonderheft zum 4. wiss. Kongreß „Glas — Glasseide — feuerfeste Keramik" Leipzig März 1968, S. 51—64.
[10] *Vogel, W.:* Zur mechanischen Festigkeit des Glases. Z. Chemie **4** (1964) 5, S. 190—192.
[11] *Slayter, G.:* Strength of glass. Bull. amer. ceram. Soc. **31** (1952) S. 276—278.
[12] *Prebus, A. F.*, und *Michener, J. W.:* Elektronenmikroskopische Untersuchungen an Glas. Ind. engng. Chem. **46** (1954) S. 147—153.
[13] *Zarzycki, J.*, und *Mezard, R.:* A direct electron-microscope study of the structure of glass. Physics Chem. Glasses. 3 (1962) S. 163—166.
[14] *Poegel, H. J.:* Die Festigkeit der Glasfasern. Glas-Email-Keramo-Technik **14** (1963) 7, S. 249—257.
[15] *Vinogradov, G. V. Malkin A. Y.*, und *Leonov, A. J.:* Conditions of unstable flow of visco-elastic polymer systems. Kolloid. Ž., Moskva **25** (1963) S. 191 u. f.
[16] *White, J. L.:* Dynamics of viscoelastic fluids, melt fracture, and the rheology of fiber spinning. J. appl. Polymer Sci. **8** (1964) S. 2339—2357.
[17] *Menges, G.*, und *Johannaber, F.:* Untersuchungen zum Fließverhalten plastifizierter thermoplastischer Formmassen beim Spritzgießen durch enge Düsen. 4. Kunststofftechn. Kolloquium des Instituts für Kunststoffverarbeitung an der Rhein.-westf. TH Aachen, März 1968, Abdruck der Vorträge II/1—16.
[18] *Dolmetsch, H.:* Gesetzmäßige physikalische Veränderungen der Fibrillärstruktur in Spinnfäden aus Cellulose und synthetischen Polymeren. Melliand Textilber. **51** (1970) 2, S. 182—190.
[19] *Aslanova, M. S.:* Mikrostruktur von Glasseiden verschiedener chemischer Zusammensetzung. Abdruck der Vorträge auf der V. Unionskonferenz über den Glaszustand (26. bis 30. 5. 1969 in Leningrad).

Eingegangen am 18. Dezember 1970

Faserforschung und Textiltechnik 22 (1971) Heft 4

Untersuchung der Struktur poröser Polyacrylnitrilfaserstoffe[1)]

E. P. Krasnov und *G. L. Kruglova*

Allunions-Forschungsinstitut für synthetische Faserstoffe, Kalinin/UdSSR

DK 677.494.745.32:677.014.874:677.014.82:531.754

Die Änderung der Struktur von Polyacrylnitrilfaserstoffen in verschiedenen Stadien ihres Herstellungsprozesses wird mit Hilfe der Tieftemperatur-Stickstoffsorption, der Quecksilberporosimetrie und verschiedener Methoden der Dichtebestimmung untersucht. Hierbei wird insbesondere der Einfluß der Oberflächenspannung der im Faden inkludierten flüssigen Phase studiert. Nach Ableitung von Kriterien zur quantitativen Bestimmung der Porosität von PVY-Faserstoffen werden die mit den einzelnen Untersuchungsmethoden erhaltenen Ergebnisse diskutiert.

Исследование структуры пористых полиакрилонитрильных волокон

Изучено изменение структуры полиакрилонитрильных волокон в различных стадиях процесса их производства при помощи низкотемпературной сорбции азота, ртутной порометрии и различных методов измерения плотности. При этом особое внимание было уделено определению влияния поверхностного натяжения инклюдированной в нити жидкой фазы. После выведения критериев для количественного определения пористости полиакрилонитрильных волокон обсуждены результаты, полученные с применением перечисленных выше методов исследования.

Investigation of the Structure of Porous Polyacrylonitrile Fibres

The structural changes of polyacrylonitrile fibres in various stages of their preparation have been investigated by nitrogen absorption at low temperatures, mercury porosimetry and various methods for determining the density. Particularly, the surface tension of the liquid phase included in the fibre is considered. Criteria for determining quantitatively the porosity of polyacrylonitrile fibres are derived. The results obtained by the methods mentioned are discussed.

1. *Einleitung*

Beim Erspinnen von Faserstoffen aus konzentrierten Polymerlösungen hängen die Anzahl, die Größe und Geometrie der Mikro- und Makrodefekte von einer Vielzahl von Faktoren ab, von denen die wichtigsten die thermodynamischen Eigenschaften des Systems Polymer/Lösungsmittel/Fällungsmittel, die hydrodynamischen Prozeßparameter, das Verhältnis der Diffusionskoeffizienten des Lösungs- und Fällungsmittels, die Temperatur usw. sind. Eine große Bedeutung kommen der Entfernung der flüssigen Phase aus dem gebildeten Faden beim Waschprozeß und bei der Trocknung sowie folgenden Verfahrensstufen zu: Recken der Fäden in einem flüssigen plastifizierenden Medium und thermische Nachbehandlung.

Bei der Untersuchung der Struktur poröser Faserstoffe wird eine große Anzahl von Methoden angewandt, von denen die größte Verbreitung die Licht- und Elektronenmikroskopie [1, 2, 3], Quecksilberporosimetrie [4], Sorptionsmessungen [5, 6], Kalorimetrie [7] und auch Dichtebestimmungen in verschiedenen Medien [8, 9] gefunden haben. Es sei jedoch bemerkt, daß die wirksame Anwendung der meisten dieser Methoden wegen des Fehlens einheitlicher quantitativer Kriterien für die Bestimmung der Porosität erschwert ist. In der vorliegenden Arbeit wurden mehrere Methoden angewandt, die es gestatteten, die Porosität von Polyacrylnitrilfäden in den verschiedenen Stadien des Fadenbildungsprozesses, der Reckung und Nachbehandlungsstufen quantitativ zu bestimmen; hierbei wurden auch verschiedene Bedingungen für die Entfernung der flüssigen Phase durch Behandlung der frisch ersponnenen Fäden mit organischen Lösungsmitteln bei anschließender Vakuumtrocknung untersucht.

2. *Experimenteller Teil*

Für die Untersuchungen wurden Proben von Acrylnitrilcopolymerisatfäden angewandt, die nach zwei Verfahren ersponnen worden waren. Im ersten Falle wurden die Fäden aus konzentrierten Lösungen des Polymeren in Dimethylformamid (DMF) gesponnen, wobei wir als Fällbad ein Gemisch aus H_2O und DMF benutzten. Im zweiten Falle wurden konzentrierte Lösungen des Polymeren in 51,5%iger wäßriger NaCNS-Lösung hergestellt und unter Anwendung einer 11%igen NaCNS-Lösung als Fällbad gesponnen. Die nach dem ersten Verfahren erhaltenen Fäden werden im weiteren als PVY(DMF)-Fäden bezeichnet und die nach dem zweiten Verfahren hergestellten als PVY(Rhodanid)-Fäden. Nach dem Fällbad wurden die frisch ersponnenen Fäden sorgfältig gewaschen und anschließend entweder unmittelbar im Vakuum bei $T = 25\,°C$ getrocknet oder einer Behandlung mit organischen Flüssigkeiten unterworfen und dann im Vakuum getrocknet.

Die ersponnenen PVY-Fäden wurden durch Recken in Dampf orientiert, wobei wir ein Reckverhältnis von 1:7 wählten.

Inklusion. Als Inklusionsmedien wurden organische Flüssigkeiten mit unterschiedlicher Oberflächenspannung angewandt: Äthanol, Aceton, Heptan, Hexan, Petroläther.

Die Fadenprobe (0,5 bis 1,0 g) wurde im feuchten Zustand in einen Kolben mit 100 ml Äthanol übergeführt; nach einer Standzeit von 24 h wurde diese Operation drei- bis viermal wiederholt. Dann wurden die Fäden in drei Stufen (jeweils 24 h) mit der zu inkludierenden Flüssigkeit behandelt. Anschließend wurden sie im Vakuum bei einem Restdruck von 10^{-4} Torr und $T = 25\,°C$ bis zur Massekonstanz getrocknet.

Spezifische Oberfläche. Diese Größe bestimmten wir durch Tieftemperatursorption von Stickstoff [10] mit Hilfe eines dynamischen Sorptiometers. Die für PVY-Fäden erhaltenen Sorptionsisothermen zeigen den typisch S-förmigen Verlauf, so daß anhand von Eichkurven und den Sorptions/Desorptions-Diagrammen die Größe der spezifischen Oberfläche nach der Theorie von *Brunauer*, *Emmett* und *Teller* [11] berechnet werden kann. Die Reproduzierbarkeit der Messungen betrug $\pm 1\ m^2/g$.

Spezifisches Porenvolumen und Größenverteilung der Poren. Für die Ermittlung dieser Kennwerte benutzten wir die Quecksilber-Hochdruckporosimetrie [4, 12]. Die Messungen

[1)] Vorgetragen von *E. P. Krasnov* zum 3. Internationalen Chemiefasersymposium in Dresden am 2. Dezember 1970.

wurden mit dem Quecksilberporosimeter P-3M im Druckbereich 20 bis 2000 kp/cm² durchgeführt. Das Gesamtporenvolumen des Faserstoffes bestimmten wir anhand der Änderung des Quecksilberniveaus in der Kapillare des Dilatometers, das in einer Hochdruckkammer installiert war. Durch graphische Differentiation der integralen Kurven für die Änderung des Gesamtporenvolumens in Abhängigkeit vom angelegten Außendruck erhielten wir die differentiellen Porenverteilungen nach den effektiven Radien, wobei wir für die Berechnung folgende Beziehung benutzten, die den effektiven Eingangsradius der Kapillare mit dem für die Überwindung der Kapillarkräfte erforderlichen Außendruck p verknüpft:

$$\bar{r}_{eff} = \frac{2\sigma \cdot \cos \varphi}{p},$$

wobei σ die Oberflächenspannung des Quecksilbers und φ den Benetzungswinkel zwischen dem Polymermaterial und dem Quecksilber darstellt.

Das Gesamtporenvolumen konnte mit einer Genauigkeit von $\pm 0{,}03$ cm³/g bestimmt werden.

Geometrische Dichte. Die hierfür angewandte Methode wurde bereits in einer früheren Arbeit [13] vorgeschlagen. Anhand lichtmikroskopischer Aufnahmen von Fadenquerschnitten wird die Querschnittsfläche der Elementarfäden ausgemessen; bei bekannter Länge und bekannter Fadenmasse kann man dann auf rein geometrischem Wege die Dichte ermitteln. Für jede Bestimmung wurden 100 Elementarfäden genommen. Die bei der Bestimmung der geometrischen Dichte erreichte Genauigkeit betrug 5%.

Flotationsdichte. Diese Messungen wurden mit dem System Toluol/Tetrachlorkohlenstoff in üblicher Weise [14] ausgeführt.

3. *Ergebnisse und Diskussion*

In einer früheren Arbeit [15] haben wir den Begriff der relativen Volumenporosität γ eingeführt, die das Verhältnis des spezifischen Volumens der Makro- und Mikroinhomogenitäten zum spezifischen Gesamtvolumen darstellt, das von einem realen Polymermaterial eingenommen wird:

$$\gamma = \frac{V - V_0}{V},$$

wobei V das experimentell bestimmte spezifische Volumen des Faserstoffes und V_0 das spezifische Volumen des „ideal dichten Polymeren" darstellt. Als Modell für „dichtes" PVY mit der Porosität null nahmen wir das Modell eines idealen Polymerkristalls mit charakteristischen kristallographischen Parametern.

Gemäß Arbeit [16] ist für PVY ein hexagonales Gitter charakteristisch; hieraus ergibt sich für die Dichte des idealen Kristalles 1,262 g/cm³, und dementsprechend ist $V_0 = 0{,}792$ cm³/g. Trotz gewisser Einschränkungen gestattet die Wahl des idealen Kristalls als Modell des „ideal dichten" Polymeren die Festlegung einer exakten Grenze, insbesondere hinsichtlich der Bestimmung der Mikroinhomogenitäten, und erleichtert dadurch die Berechnung der Porosität des Polymermaterials erheblich.

Unter dieser Voraussetzung kann man aus den mit Hilfe der Quecksilberporosimetrie erhaltenen Daten sowie aus der geometrischen und der Flotationsdichte die entsprechenden relativen Volumenporositäten berechnen:

$$\gamma_{Hg} = \frac{V_{Hg}}{V_{Hg} + V_0}; \qquad \gamma_{geom} = \frac{d_0 - d_{geom}}{d};$$

$$\gamma_{inn} = \frac{d_0 - d_{Fl}}{d_0}.$$

3.1. *Struktur von PVY(DMF)-Faserstoff*

In Tabelle 1 sind die Ergebnisse der Bestimmung der Porosität von PVY(DMF)-Fäden aufgeführt, die bei Anwendung unterschiedlich zusammengesetzter Fällbäder und verschiedener Reckverhältnisse erhalten wurden; ferner wurde die thermische Behandlung variiert.

Die erhaltenen Ergebnisse zeigen, daß man den Charakter der Strukturbildung bei PVY(DMF)-Fäden in Fällbädern unterschiedlicher Zusammensetzung (Proben 1 bis 4) auf diesem Wege erfassen kann. Die hohe spezifische Oberfläche (30 bis 80 m²/g) und die Werte des Gesamtporenvolumens (0,6 bis 1,6 cm³/g) sprechen für das Vorliegen einer großen Anzahl von Poren des Kapillartyps. Die berechneten Werte γ_{Hg} und γ_{geom} zeigen, daß die Mikroporen im frisch gebildeten Faden 40 bis 70% des gesamten Fadenvolumens einnehmen.

Mit steigendem DMF-Gehalt im Fällbad ist ein starker Anstieg von S und V_{Hg} zu verzeichnen, jedoch vollziehen sich neben der allgemeinen Zunahme der Porosität auch qualitative Änderungen der Makrostruktur der frisch ersponnenen Fäden. Die Mikroinhomogenitäten werden hinsichtlich ihrer Abmessungen kleiner, aber ihre Anzahl nimmt stark zu, was durch elektronenmikroskopische Aufnahmen von Fadenquerschnitten (Bild 1) und durch die durch Quecksilber-

Tabelle 1. Porosität von PVY(DMF)-Fäden)*

Proben-Nr.	Zusammensetzung des Fällbades, Masse-%		S	V_{Hg}	d_{geom}	d_{Fl}	rel. Volumenporositäten		
	DMF	H_2O	m²/g	cm³/g	g/cm³	g/cm³	γ_{Hg}	γ_{geom}	γ_{inn}
1	0	100	31	0,63	0,69	1,100	0,44	0,45	0,128
2	35	65	40	0,77	0,63	1,124	0,48	0,50	0,111
3	50	50	75	0,97	0,55	1,165	0,55	0,57	0,077
4	70	30	83	1,60	0,41	1,180	0,67	0,68	0,065
5	50	50	2,5	0,29	0,90	1,172	0,27	0,29	0,071
6	50	50	0,9	0,19	1,02	1,176	0,19	0,19	0,068
7	50	50	0,7	0,13	1,10	1,184	0,13	0,13	0,062

*) Proben 1 bis 4 — nach dem Fällbad, 5 — Reckverhältnis 1:1,5, 6 — Reckverhältnis 1:7, 7 — nach dem Recken und thermischer Behandlung. Alle Proben außer Nr. 7 wurden nach dem Erspinnen mit Wasser gewaschen und im Vakuum getrocknet.

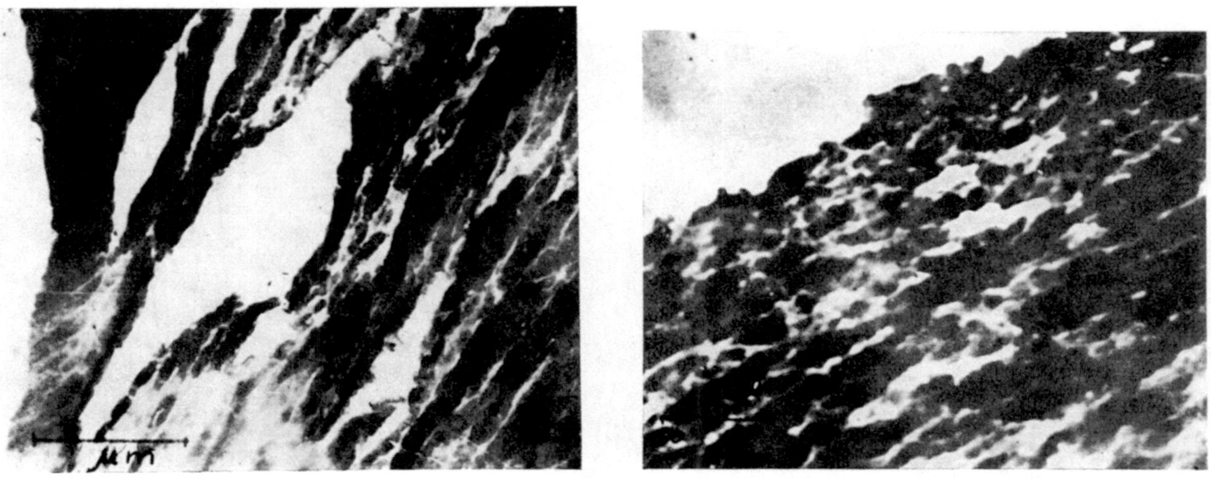

a) Fällbad = 100% H_2O b) Fällbad = 50% DMF + 50% H_2O

Bild 1. Elektronenmikroskopische Aufnahmen von PVY(DMF)-Fäden

porosimetrie ermittelten Verteilungskurven für die Porengrößen (Bild 2) bestätigt wird. Die Bestimmung der Abmessungen der Mikroporen mittels Quecksilberporosimetrie zeigt, daß die Mehrzahl der Poren effektive Radien in der Größenordnung von 200 bis 400 Å hat. Nimmt man für alle Mikroporen die gleiche zylindrische Geometrie an, so kann ihr effektiver Radius aus dem Verhältnis von Gesamtporenvolumen zu spezifischer Oberfläche berechnet werden:

$$\bar{r}_{\text{eff}} = \frac{2V_{\text{Hg}}}{S}.$$

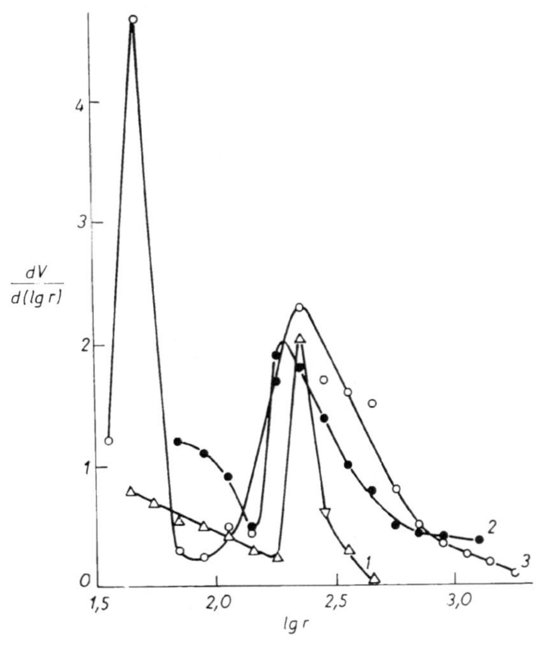

Bild 2. Differentielle Porengröße-Verteilungskurven für PVY(DMF)-Fäden, die in Fällbädern unterschiedlicher Zusammensetzung ersponnen wurden:
1 — 100% H_2O, 2 — 50% DMF + 50% H_2O, 3 — 70% DMF + 30% H_2O

Die durchgeführten Berechnungen ergaben für frisch ersponnene Fäden $\bar{r}_{\text{eff}} = 300$ bis 400 Å, was mit den durch Quecksilberporosimetrie erhaltenen Daten gut übereinstimmt (Bild 2).

Aus Tabelle 1 ist ersichtlich, daß die Werte für γ_{Hg} und γ_{geom} dicht beieinander liegen, was auf die Eignung beider Methoden zur Bestimmung des Gesamtporenvolumens hinweist. Andererseits unterscheidet sich die durch Messung der Flotationsdichte ermittelte innere Porosität γ_{inn} merklich von γ_{Hg} und γ_{geom}, was auf das Eindringen der Flotationsflüssigkeit in die zugänglichen (offenen) Poren zurückzuführen ist. Der Gesamtanteil der geschlossenen Poren in frisch ersponnenen PVY-(DMF)-Fäden, der aus der Differenz von γ_{geom} und γ_{inn} berechnet wurde, beträgt 10 bis 25% des Gesamtporenvolumens und nimmt bei Erhöhung des DMF-Gehaltes im Fällbad stark ab.

Die Ergebnisse zeigen, daß mit abnehmender Fällkraft des Fällbades (Erhöhung des DMF-Gehaltes) die Koagulation gleichmäßiger über den Fadenquerschnitt erfolgt; das sich bildende Gel besitzt eine größere Elastizität, so daß die in der äußeren Gelschicht entstandenen Spannungen diese Schicht nicht unter Bildung von Mikrorissen und Hohlräumen mit relativ großen Abmessungen deformieren und zerreißen können, wie dies bei der Fadenbildung unter harten Fällbedingungen geschieht.

Wesentlich sind Änderungen der Makrostruktur und Porosität von PVY-Fäden, die in den verschiedenen nachfolgenden Prozeßstufen stattfinden (Tabelle 1, Proben 5 bis 7). Beim Recken frisch ersponnener Gelfäden und bei ihrer anschließenden thermischen Behandlung beobachtet man eine Verdichtung der Strukturelemente infolge einer starken Abnahme des Volumens der Makrohohlräume und strukturellen Inhomogenitäten, insbesondere in Bereichen zwischen den Fibrillen. Die Verdichtung findet über das gesamte Fadenvolumen statt, was sich in der synchronen Verringerung der spezifischen Oberfläche, des Gesamtporenvolumens und der relativen Porenvolumina γ_{Hg}, γ_{geom} und γ_{inn} äußert. Aus den differentiellen Porogrammen für die gereckten Fäden, die in Bild 3 wiedergegeben sind, ist klar er-

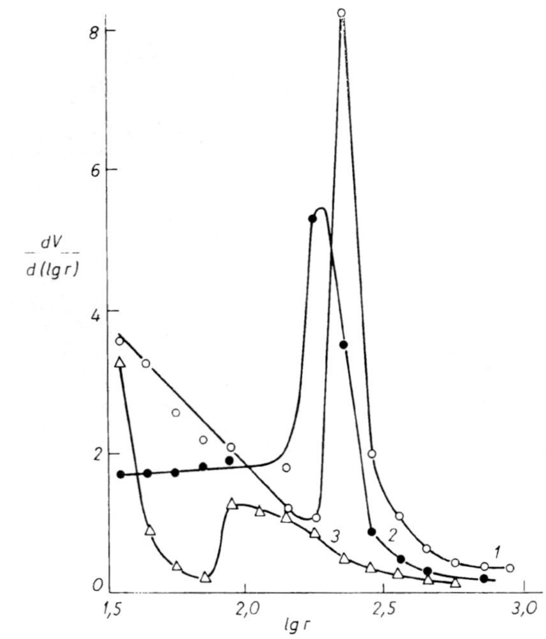

Bild 3. Differentielle Porengrößen-Verteilungskurven für PVY(DMF)-Fäden: 1 — nach dem Fällbad; 2 — nach dem Recken bei einem Verhältnis 1:1,5; 3 — nach dem Recken bei einem Verhältnis 1:7

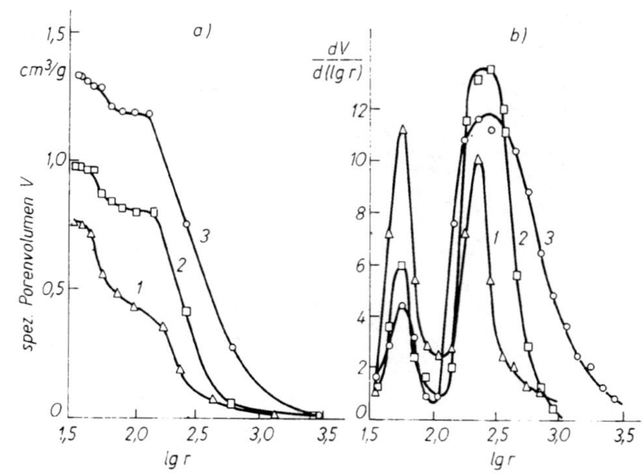

Bild 4. Integrale (a) und differentielle (b) Porogramme von PVY(DMF-Fäden, die das Stadium der Inklusion durchliefen: 1 — Wasser, 2 — Aceton, 3 — Hexan

sichtlich, daß die Verdichtung allmählich erfolgt und die Abnahme der Volumenporosität von einer Verringerung der effektiven Porenradien und einer starken Herabsetzung der Anzahl der Makroporen begleitet wird. In gereckten Fäden herrschen Poren mit $\bar{r}_{eff}$ = 50 bis 100 Å vor.

Die Inklusion organischer Flüssigkeiten in frisch ersponnenen PVY(DMF)-Fäden und die anschließende Entfernung dieser Flüssigkeiten durch Vakuumtrocknung ändert die Porosität der Fäden etwas; wie der Tabelle 2 zu entnehmen ist, sind die spezifische Oberfläche und die spezifischen Porenvolumina um so größer, je niedriger die Oberflächenspannung der inkludierten Flüssigkeit ist.

Den Mechanismus der Änderung der Porosität von PVY(DMF)-Fäden, in denen organische Flüssigkeiten inkludiert wurden, kann man auf der Basis von Vorstellungen formulieren, die von *P. A. Rebinder* [17] entwickelt worden sind. In der Tat, in Kapillaren, die mit einer Flüssigkeit gefüllt sind, entsteht ein „Kapillardruck" P_σ, der gemäß der Gleichung von *Laplace* bestimmt ist durch $P = 2\sigma/r$, wobei σ die Oberflächenspannung der Flüssigkeit und r den Krümmungsradius des Flüssigkeitsminiskus in der Kapillare bedeutet. Beim Verdampfen der Flüssigkeit aus der Kapillare treten Kräfte auf, die die Kapillare von außen mit einer Kraft zusammenziehen (Kapillarkontraktion), die P_σ proportional ist. Wenn die Kapillarwände elastisch sind, so kann eine merkliche Verringerung des Kapillarradius erfolgen. Es ist klar, daß diese Abnahme von der Elastizität des Materials und der Oberflächenspannung der Flüssigkeit abhängt.

Ein derartiger Mechanismus der Entfernung einer inkludierten Flüssigkeit aus hochporösen PVY(DMF)-Fäden durch Verdampfen beim Trocknen erklärt zufriedenstellend das Anwachsen der Volumenporosität und der spezifischen Oberfläche des Faserstoffes bei Herabsetzung der Oberflächenspannung der Flüssigkeit.

Die Analyse der integralen und differentiellen Porogramme von PVY(DMF)-Fäden zeigt (s. Bild 4), daß der Anstieg der Porosität von Faserstoffproben, in denen organische Flüssigkeiten mit kleinerem σ-Wert inkludiert wurden, infolge einer Erhöhung der Porengröße auftritt. Während für eine Probe, in der Wasser inkludiert war, das Vorliegen von Poren mit $\bar{r}_{eff}$ = 40 bis 70 und 150 bis 300 Å charakteristisch ist, überwiegen in Proben, in denen Aceton und Hexan inkludiert worden waren, Poren mit $\bar{r}_{eff}$ = 150 bis 600 Å. Man erkennt, daß diese quantitativen Ergebnisse mit dem Mechanismus der Kapillarkontraktion bei der Ent-

Tabelle 2. Porosität frisch ersponnener PVY(DMF)-Fäden nach der Inklusion organischer Flüssigkeiten und Vakuumtrocknung

Proben-Nr.	inkludierte Flüssigkeit	σ dyn/cm²	S m²/g	V_{Hg} cm³/g	d_{geom} g/cm³	d_{Fl} g/cm³	rel. Volumenporositäten γ_{Hg}	γ_{geom}	γ_{inn}
1	Wasser*)	73,0	75,0	0,97	0,55	1,165	0,55	0,56	0,077
2	Aceton	24,0	85,0	0,98	0,44	1,170	0,55	0,65	0,073
3	Heptan	20,0	92,0	1,23	0,41	1,174	0,61	0,68	0,069
4	Hexan	18,0	110	1,33	0,40	1,176	0,63	0,68	0,068
5	Petroläther	16,5	120	1,80	0,40	1,179	0,69	0,68	0,066

*) Diese Probe wurde ohne vorherige Behandlung mit Äthanol getrocknet.

Tabelle 3. Porosität von PVY(Rhodanid)-Fäden

Proben-Nr.	Stadium des technol. Prozesses	S	V_{Hg}	d_{geom}	d_{Fl}	rel. Volumenporositäten		
		m^2/g	cm^3/g	g/cm^3	g/cm^3	γ_{Hg}	γ_{geom}	γ_{inn}
1	Fällbad	0,3	0,06	1,18	1,187	0,066	0,065	0,059
2	Recken in Dampf	1,3	0,15	0,98	1,190	0,160	0,220	0,057
3	Trocknung	0,5	0,13	1,10	1,192	0,140	0,130	0,055
4	therm. Behandl.	0,9	0,16	1,05	1,187	0,168	0,168	0,055

fernung einer Flüssigkeit aus einem hochporösen Polymersystem in Einklang stehen.

3.2. *Struktur von PVY(Rhodanid)-Faserstoff*

Die Erspinnung von Polyacrylnitrilfäden unter Anwendung des Systems NaCNS/Wasser, zeichnet sich, wie in einer Reihe von Arbeiten [18, 19] gezeigt worden ist, durch einige spezifische Besonderheiten aus. Die in Tabelle 3 aufgeführten Ergebnisse zeigen, daß frisch ersponnene und getrocknete PVY(Rhodanid)-Fäden durch eine geringe spezifische Oberfläche ($S = 0{,}3$ m^3/g), die einer ideal glatten sehr nahe kommt, eine minimale Gesamtporosität ($V_{Hg} = 0{,}06$ cm^3/g) und eine niedrige innere Porosität ($\gamma_{inn} = 0{,}059$) gekennzeichnet sind. Die dichte Struktur von PVY(Rhodanid)-Fäden, in der eine Mikrokapillarporosität praktisch fehlt, ist wahrscheinlich auf die über den gesamten Fadenquerschnitt einheitlich verlaufende Koagulation des Polymeren im Fällbad und auf die hohe Elastizität des sich bildenden Polymergels zurückzuführen.

Beim Recken von PVY(Rhodanid)-Fäden wird eine Auflockerung der dichten Fadenstruktur beobachtet. Die spezifische Oberfläche ($S = 1{,}3$ m^2/g) und die relativen Volumenporositäten γ_{Hg} und γ_{geom} nehmen zu, γ_{inn}. verringert sich jedoch etwas. Dies kann darauf beruhen, daß die entstandenen Mikroporen mit der Fadenoberfläche in Verbindung stehen und die Flotationsflüssigkeit leicht in sie eindringt. Die beobachtete Auflockerung der Struktur von PVY(Rhodanid)-Fäden ist wahrscheinlich auf den Mechanismus der Querorientierung der Strukturelemente von PVY(Rhodanid)-Fäden im Fällbad und auf deren nachfolgende Umorientierung in Längsrichtung beim Reckprozeß zurückzuführen. Eine derartige Ansicht wird insbesondere in der Arbeit [19] vertreten. Das Trocknen und die thermische Nachbehandlung (s. Tabelle 3, Proben 3 und 4) ändern die Porosität der orientierten PVY(Rhodanid)-Fäden praktisch nicht.

Die Inklusion organischer Flüssigkeiten in PVY-(Rhodanid)-Fäden und anschließende Vakuumtrocknung ändern die Struktur der Fäden erheblich (s. Tabelle 4, Proben 2 und 3). Die beträchtliche Zunahme der spezifischen Oberfläche (bis 133 m^2/g) und relativen Volumenporosität ($\gamma_{Hg} = 0{,}433$) derartig behandelter Fäden kann zwei Ursachen haben. Erstens, bei der Wechselwirkung der organischen Flüssigkeit mit dem Polymergel erfolgt eine irreversible Fixierung des Polymergerüstes im Gel unter Bildung einer hochporösen Kapillarstruktur, wobei die Mikrokapillaren mit der Fadenoberfläche in Verbindung stehen; hierfür sprechen die kleinen γ_{inn}-Werte dieser Fäden. Zweitens, wegen der Unterschiede in den beim Verdampfen der organischen Flüssigkeiten entstehenden Kontraktionsspannungen, die die Kapillaren zusammenziehen, ist die Porosität der behandelten Fäden in Übereinstimmung mit den Werten der Oberflächenspannungen der Flüssigkeiten verschieden. Detaillierter sind diese Fragen in der Arbeit [20] behandelt worden.

Analoge Effekte einer Fixierung des Polymergerüstes und Kontraktion beim Verdampfen der Flüssigkeit aus dem hochporösen System werden auch bei der Inklusion organischer Flüssigkeiten in PVY(Rhodanid)-Fäden beobachtet, die in heißem Dampf gereckt worden waren (Tabelle 4, Proben 5 und 6).

Charakteristisch für PVY(Rhodanid)-Fäden die mit organischen Flüssigkeiten behandelt wurden, ist ihre verhältnismäßig enge Porengrößenverteilung (Bilder 5 und 6). Aus den Verteilungskurven ist ersichtlich, daß Mikroporen mit $\bar{r}_{eff} = 100$ bis 200 Å überwiegen. Für die Probe 6 (Tabelle 4) wurde unter Annahme einer gleichen Größe der zylindrischen Kapillaren $\bar{r}_{eff}$ aus den Werten für die spezifische Oberfläche S und das Gesamtporenvolumen V_{Hg} nach der Formel $\bar{r}_{eff} = 2\,V_{Hg}/S$ berechnet. Der erhaltene Wert $\bar{r}_{eff} = 100$ Å stimmt recht gut mit dem aus der differentiellen Verteilungskurve (Bild 6) ermittelten Wert $\bar{r}_{eff} = 180$ Å

Tabelle 4. Porosität von PVY(Rhodanid)-Fäden, die das Stadium der Inklusion durchliefen

Proben-Nr.	inkludierte Flüssigkeit	σ	S	V_{Hg}	d_{geom}	d_{Fl}	rel. Volumenporositäten		
		dyn/cm^2	m^2/g	cm^3/g	g/cm^3	g/cm^3	γ_{Hg}	γ_{geom}	γ_{inn}
				nach dem Fällbad					
1	Wasser	73,0	0,3	0,06	1,18	1,187	0,066	0,065	0,059
2	Heptan	20,0	5,6	0,20	1,00	1,174	0,202	0,210	0,069
3	Petroläther	16,5	133	0,60	—	1,178	0,433	—	0,067
				nach dem Recken					
4	Wasser	73,0	1,3	0,15	0,98	1,190	0,16	0,22	0,057
5	Heptan	20,0	15,0	0,30	0,90	1,189	0,27	0,29	0,068
6	Petroläther	16,5	147	0,82	—	1,183	0,51	—	0,063

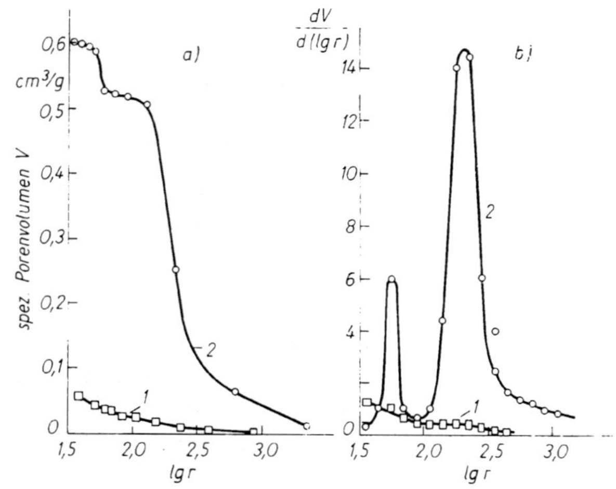

Bild 5. Integrale (a) und differentielle (b) Porogramme von PVY(Rhodanid)-Fäden, die das Stadium der Inklusion durchliefen: 1 — Wasser, 2 — Petroläther

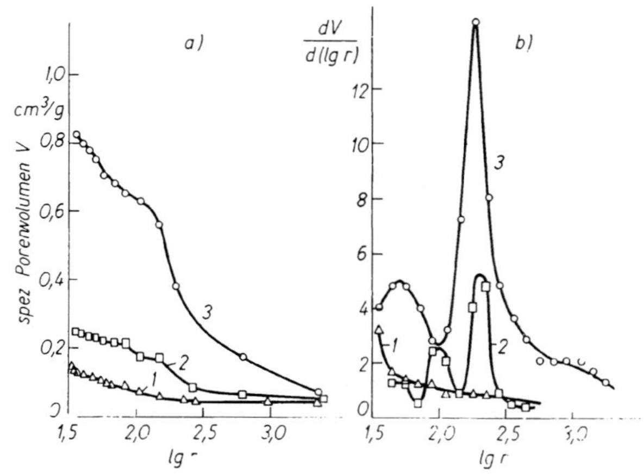

Bild 6. Integrale (a) und differentielle (b) Porogramme orientierter PVY(Rhodanid)-Fäden: 1 — Wasser, 2 — Aceton und Petroläther, 3 — Äthanol und Petroläther

überein. Eine derartige Homogenität in der Struktur eines hochporösen Faserstoffes ist auf die Bedingungen bei der Bildung eines homogenen und elastischen Gels im System $NaCNS/H_2O$ zurückzuführen.

4. *Schlußbetrachtung*

Die bei der Erspinnung von Fäden aus konzentrierten Polymerlösungen ablaufenden Prozesse sind wegen der Vielzahl der diesen Prozeß beeinflussenden Faktoren sehr kompliziert [21]. Wie die oben angeführten Ergebnisse zeigen, kann man durch Anwendung mehrerer Methoden zur quantitativen Bestimmung der Porosität von Polyacrylnitrilfaserstoffen wichtige Informationen über die Struktur der im Fällbad gebildeten Polymergele und auch über die Struktur der gereckten und thermisch nachbehandelten Fäden erhalten. Die Untersuchung der Porosität fertiger Fäden ist wegen des starken Einflusses der Anzahl und Geometrie der Mikrodefekte auf die Gebrauchseigenschaften der Erzeugnisse von großem Interesse.

Die Tieftemperatursorption von Stickstoff, die Quecksilberporosimetrie und die Bestimmung der geometrischen Dichte erwiesen sich als sehr nützlich für die Untersuchung hochporöser Systeme. Bei starkem Absinken der Porosität sind diese Methoden wegen ihrer ungenügenden Genauigkeit weniger geeignet. Deshalb verdienen die Bestimmung von d_{Fl}, die mit hoher Genauigkeit durchgeführt werden kann, und die Analyse der erhaltenen γ_{inn}-Werte besondere Aufmerksamkeit. Die Einführung des idealen Kristalls als Modell eines dichten Polymeren übt den stärksten Einfluß auf den Wert von γ_{inn} aus, denn stets besteht eine Differenz zwischen den Dichten der kristallinen, d_0, und der amorphen Phase, d_{am}. Es ist einfach zu erkennen, daß für ein amorph/kristallines Polymeres mit einem Kristallinitätsgrad $\varkappa$

$$\gamma_{inn} = \frac{(1 - \varkappa)(d_0 - d_{am})}{d_0} + \gamma'_{inn}$$

ist; hierbei berücksichtigt das erste Glied den Beitrag des Dichteunterschieds der kristallinen und amorphen Phase zu γ_{inn} und γ'_{inn} den relativen Anteil der nicht zugänglichen und geschlossenen Poren, die Mikroinhomogenitäten betreffs der Dichte der amorphen Phase und Defekte im Kristall.

Eine Analyse des von den verschiedenen Komponenten zu γ_{inn} gelieferten Beitrages halten wir für sehr erfolgversprechend; sie stellt aber eine komplizierte Richtung bei der Untersuchung der inneren Porosität von Faserstoffen dar. Einer der Wege zur Lösung dieser Aufgabe ist die Anwendung verschiedener Flotationsmedien, insbesondere inerter, d. h. nicht mit dem Polymeren reagierender, und aktiver Flüssigkeiten, die eine teilweise Quellung des Polymeren hervorrufen. Die Effektivität eines derartigen Lösungsweges ist in einer früheren Arbeit [15] am Beispiel von Polyvinylalkoholfäden gezeigt worden.

Literatur

[1] *Gröbe, V.*, und *Mann, G.*: Ausbildung von Strukturen bei der Koagulation von Polyacrylnitrillösungen. Faserforsch. u. Textiltechnik **17** (1966) 3, S. 142 bis 147.

[2] *Craig, J. B., Knudsen, J. P.*, und *Holland, V. F.*: Characterization of acrylic fiber structure. Textile Res. J. **32** (1962) S. 435—448.

[3] *Knudsen, J. P.*: The influence of coagulation variables on the structure and physical properties of an acrylic fiber. Textile Res. J. **33** (1963) S. 13—20.

[4] *Quynn, R. G.*: Internal volume in fibers. Textile Res. J. **33** (1963) S. 21—34.

[5] *Forziati, F., Brownell, R.*, und *Hunt, Ch. M.*: Oberflächenausdehnung bei Baumwolle und modifizierter Baumwolle vor und nach der Quellung, bestimmt durch Stickstoffsorption. J. Res. nat. Bur. Stand. **50** (1953) 3, S. 139—145.

[6] *Flath, H. J.*: Die Veränderung der spezifischen Oberfläche von Polyacrylnitrilfaserstoffen während des Herstellungsprozesses. Faserforsch. u. Textiltechnik **21** (1970) 6, S. 229—232.

[7] *Balcerzyk, E., Kozlowski, W.*, und *Wlodarski, G.*: Effect of zonal structure of some fibers on the penetration thermo kinetics. Textile Res. J. **39** (1969) S. 666; Cellulose Chem. Technol., Jassy/Rum. **3** (1969) 1, S. 99.

[8] *Hurley, R. B.*, und *Tzentis, L. S.*: Density of polyacrylonitrile. J. Polymer Sci., Part B **1** (1963) 8, S. 423—426.

[9] *Ripa, O.*, und *Schneider, W. C.*: Apparent density of polyacrylonitril in liquids and liquid mixtures. J. Polymer Sci., Part B 2 (1964) 4, S. 471–474.
[10] Gas/flüssigkeits-Chromatographie, IIL, Leningrad, 1966.
[11] *Brunauer, S.*, *Emmett, P. H.*, und *Teller, H.*: Adsorption of gases in multimolecular layers. J. amer. chem. Soc. **60** (1939) S. 309–319.
[12] *Wagner, E. F.*: Porosität von Fasern und Garnen. Chemiefasern **17** (1967) 8, S. 601–606.
[13] *Kruglova, G. S.*, und *Zgaevskij, V. Z.*: Methodik zur Bestimmung und Untersuchung der Dichte von thermofixierten Polyvinylchloridfaserstoffen. Chim. Volokna (Chem. Fasern) (1967) 3, S. 62–63.
[14] *Winkler, F.*, *Homann, G.*, und *Götze, W.*: Dichtebestimmung an Faserstoffen. III. Eigene Untersuchungen: Meßeinrichtungen und Meßverfahren. Faserforsch. u. Textiltechnik **20** (1969) S. 80–86.
[15] *Krasnov, E. P.*, *Kruglova, G. S.*, *Pakšver, A. B.*, *Pakšver, E. A.*, und *Semenov, Ju. P.*: Über die Makrostruktur und Porosität von Faserstoffen. Vysokomol. Soed. (Hochmol. Verbind.) A **12** (1970) 8, S. 1706–1712; dt. in Sowj. Beitr. Faserforsch. Textiltechnik **7** (1970) 12, S. 634–639.
[16] *Urbanczyk, G. W.*: Über die Auswirkung der Reckung und Thermofixierung unter Produktionsbedingungen auf die Veränderung der Feinstruktur und Festigkeitseigenschaften von Polyacrylnitrilfaserstoffen (Anilana). Zesz. nauk. Politechn. Łódzkiej (Wiss. H. Politechn. Łódz) (1962) 45, Włókiennictwo (Textilind.) 9, S. 79–115.
[17] *Rebinder, P. A.*, und *Vlodavec, I. N.*: In Sammelbd.: „Probleme der physikochemischen Mechanik faseriger und poröser Strukturen und Materialien". Riga: „Zintatne" 1967, S. 5.
[18] *Kruglova, G. S.*, und *Krasnov, E. P.*: Chim Volokna (Chem. Fasern) im Druck.
[19] *Mežirov, M. S.*: Dissertation 1969.
[20] *Krasnov, E. P.*, und *Kruglova G. S.*: Vysokomol. Soed. (Hochmol. Verbind.) im Druck.
[21] *Papkov, S. P.*, und *Iovleva, M. M.*: Zur Theorie des Erspinnens von Kunstfaserstoffen. Chim. Volokna (Chem. Fasern) (1969) 5, S. 17–20; dt. in Sowj. Beitr. Faserforsch. Textiltechnik **7** (1970) 1, S. 17–21.

Eingegangen am 2. November 1970

Chemiefaserstoffe im Jahre 2000

Bericht über das Podiumsgespräch im Rahmen des 3. Internationalen Chemiefasersymposiums, 1. bis 4. 12. 1970 in Dresden

DK 061.3.055.1 (430.2–2.73) "1970.12.01/04" : 677.4 "2000"

An dem Podiumsgespräch, das von Prof. Dr.-Ing. habil. *W. Bobeth* geleitet wurde, nahmen teil:

Direktor *G. Allen*, Brüssel
Doz. Dr. *E. Treiber*, Stockholm
Prof. Dr. *A. B. Pakšver*, Kalinin, UdSSR
Prof. Dr. *Z. A. Rogovin*, Moskau
Dr. *H. Krässig*, Lenzing, Österreich
Dr. *F. Geleji*, Budapest
Prof. Dr. *N. V. Michajlov*, Mytišči, UdSSR
Prof. Dr. *K. Dimov*, Sofia

Kurze Diskussionsbeiträge wurden außerdem von Prof. Dr. *E. Correns*, DDR, und Dr. *J. Corbière*, Frankreich, abgegeben.

Das Thema des Podiumsgespräches war in drei Unterthemen gegliedert:

Bedürfniserwartungen hinsichtlich Bekleidung, Raumtextilien und technischer Textilien.
Trends in der Entwicklung von Massen- und Spezialfaserstoffen.
Neue Prinzipien und Technologien zur Herstellung von Chemiefaserstoffen und textilen Flächengebilden.

In seinen einleitenden Worten grenzte Prof. *Bobeth* die Thematik noch dahingehend ein, daß vorrangig die Belange der Chemiefaserindustrie und weniger die Probleme der Textilindustrie behandelt werden sollten.

Als erster Diskussionsredner gab Prof. *Dimov* eine Prognose über den Chemiefaserstoffbedarf im Jahre 2000. Nach seiner Meinung wird man zu diesem Zeitpunkt ca. 200 Mill. t/a herstellen; davon werden nur 17% für Bekleidungszwecke verarbeitet (1969 ca. 80%). Der größte Teil der hergestellten Chemiefaserstoffe wird als Verstärkungsmaterial in der Plast-, Silicat- und Metallindustrie verwendet werden. Als starke Chemiefaserstoffverbraucher werden ferner die Hersteller von Papier und Pappe, Synthesepelz und -leder sowie die Bauindustrie auftreten. Prof. *Dimov* schätzte ferner ein, daß der Anteil der anorganischen Faserstoffe von 1% im Jahre 1969 auf 31% im Jahre 2000 ansteigen wird.

Den von Prof. *Dimov* genannten Produktionszahlen wurde von Prof. *Pakšver* widersprochen. Er nimmt an, daß im Jahre 2000 100 Mill. t Faserstoffe, 50 Mill. t natürliche und 50 Mill. t Chemiefaserstoffe erzeugt werden. Von 50 Mill. t Chemiefaserstoffen würden je 50% für Bekleidungs- und technische Zwecke verwendet werden.

Syntetische Faserstoffe werden den Hauptanteil der Textilexpansion ausmachen, meinte Dir. *Allen*; dabei werden Polyamide, Polyester und Acrylics dominieren, da für diese riesige Investitionen für Forschung, Betriebe usw. aufgewendet worden sind. Spezialtypen dieser drei Familien werden zunehmend Verwendung finden, oft in Verbindung mit neuen Flächengebilde-Herstellungsverfahren. Neue Polymere werden bis zum Jahre 2000 nur in beschränkten Mengen verwendet werden

Im zweiten Themenkomplex wurde die Entwicklung von Massen- und Spezialfaserstoffen behandelt. Über die Entwicklungstendenzen der Regeneratcellulosefaserstoffe befragt, erklärte Prof. *Rogovin*, daß Produktionserweiterungen in der Regeneratcelluloseindustrie eng mit dem Problem der Luft- und Wasserverschmutzung verbunden sind; die Größe der Betriebe werde durch die entstehenden Abgase und Abwässer begrenzt. Es ist nach Prof. *Rogovin* weiterhin zu erwarten, daß der seit 75 Jahren praktisch unverändert gebliebene Viskoseprozeß durch solche Technologien abgelöst wird, bei denen die Ausgangscellulose ohne vorherige Veresterung in Lösung gebracht wird. Einen weiteren Weg zur Lösung des Abgasproblems stellt das Spinnen von gering acetylierter Cellulose aus Dimethylsulfoxid und anschließendes Verseifen dar.

Prof. *Rogovin* mißt außerdem den „Polymerlegierungen, in denen ein Legierungsbestandteil Cellulose ist, und Faserstoffen auf Basis gepfropfter Cellulose große Bedeutung bei.

Als nächster Diskussionsredner ging Dr. *Treiber* auf die Zukunftsaussichten der Regeneratcellulosefaserstoffe ein. Die Vorteile der Viskosefaserstoffe liegen im niedrigen Preis, ihrer Hydrophilie, die sie zu einem idealen Mischungspartner mit synthetischen Faserstoffen werden läßt, und der leichten Modifizierbarkeit. Ungünstig werden die Zukunftsaussichten der Viskosefaserstoffe durch den milieufeindlichen Herstellungsprozeß, das gegenüber Synthetics stark vernachlässigte Marketing sowie die kräftige Drosselung der Forschung in den letzten Jahren beeinflußt. Eine Verbesserung der Marktlage der Viskosefaserstoffe ergäbe sich durch eine weitere Rationalisierung des Produktionsprozesses (geschlossene Prozeßkreisläufe, Rückumwandlung des entstandenen Natriumsulfats in Natronlauge und Schwefelsäure, Verwertung des Hemicelluloseausstoßes). Über die Entwicklung der Regeneratcellulosefaserstoffe äußerte sich weiterhin Dr. *Krässig*. Nach seiner Meinung werden bereits 1980 50% der gesamten Viskosefaserproduktion Modalfasern sein, die ein idealer Mischungspartner für Polyesterfaserstoffe sind. Die Normal-Viskosefasertypen werden in immer stärkerem Maße in der Vliesstoff-Produktion Verwendung finden. Da Vliesstoffe besonders für Wegwerfartikel Verwendung finden, kommt es darauf an, die Normal-Viskosefaserstoffe durch Rationalisierung des Produktionsprozesses weiter zu verbilligen.

Ein weiteres Zukunftsgebiet der Viskosefaserstoffe sind nach Dr. *Krässig* die modifizierten Viskosefaserstoffe. Besondere Bedeutung kommt der Modifizierung im Herstellungsprozeß zu. Modifizierungen werden besonders zum Zwecke erhöhter Flammfestigkeit, differenzierter Anfärbbarkeit und erhöhter Bindeaffinität für den Vliesstoffeinsatz durchgeführt.

Zu den Entwicklungstendenzen der Synthesefasern erklärte Prof. *Pakšver*, daß zwar im Jahre 2000 entsprechend einer amerikanischen Prognose das Produktionsverhältnis Synthese- zu Regeneratcellulosefaserstoffen 70:30 sein wird (1969 ca. 50:50), daß es aber prinzipiell neue Wege zur Herstellung von Synthesefaserstoffen im Jahre 2000 noch nicht geben wird. Die Verknappung der Ausgangsprodukte (Erdöl) wird sich nicht wesentlich auf die Herstellung synthetischer Faserstoffe auswirken, man wird vermutlich neue Möglichkeiten finden, Kohlenstoff und Polymere einzubauen bzw. verbrauchte Polymere rückzugewinnen. Den Nachteil der Hydrophobie synthetischer Faserstoffe wird man vermutlich bis zum Jahre 2000 durch Pfropfen oder noch leichter durch Fasermischung lösen. Es ist nach Meinung von Prof. *Pakšver* anzunehmen, daß es auch im Jahre 2000 keinen universellen Faserstoff geben wird. Man wird eine große Palette von Spezialfaserstoffen herstellen, denn ein großer Vorteil der Synthesefaserstoffe liegt darin, daß man ihre Eigenschaften durch Veränderung der Herstellungstechnologie leicht verändern kann. Entscheidend für die Anwendung der Spezialfaserstoffe wird ihr Preis sein. Die gleiche Meinung bezüglich der Spezialfaserstoffe wurde auch von Prof. *Rogovin*, Dr. *Treiber* und Dr. *Krässig* geäußert.

Prof. *Pakšver* führte weiter zu den Zukunftsaussichten der Synthesefaserstoffe aus, daß man im Jahre 2000 aus Rentabilitätsgründen vorwiegend Stapelfasern herstellen wird; Seiden würden lediglich für Spezialzwecke, z. B. Reifencord, erzeugt werden. Im weiteren Verlaufe des Podiumsgespräches wurde dieser Meinung durch Prof. *Rogovin* und Prof. *Correns* lebhaft widersprochen. Nach ihrer Meinung werden wegen der leichteren Verarbeitbarkeit überwiegend endlose Fäden, bzw. direkt Garne, hergestellt werden.

Prof. *Pakšver* äußerte ferner die Ansicht, daß in den nächsten 30 Jahren die Nachbehandlungsverfahren bei der Chemiefaserstofferzeugung, wie Fixieren, Texturieren usw., vervollkommnet werden, weil durch diese Verfahren eine signifikante Eigenschaftsveränderung erreicht werden kann. Außerdem wird die Verfahrenstechnik des Spinnvorgangs wesentlich verbessert werden.

Als nächster Diskussionsredner des Podiumsgespräches widersprach Prof. *Rogovin* der Ansicht von Prof. *Pakšver*, daß eine Aufhebung von ungünstigen Eigenschaften der Chemiefaserstoffe leichter durch Fasermischungen als z. B. durch Pfropfen zu erreichen ist. Nach Prof. *Rogovin* lassen sich echte Eigenschaftsänderungen nur durch Pfropfen oder Polymermischungen erreichen.

In seinem Diskussionsbeitrag führte Dr. *Geleji* aus, daß auch im Jahre 2000 die Polyamid-, Polyester- und Polyacrylnitrilfaserstoffe ihre dominierende Rolle in der Chemiefaser-Weltproduktion behalten werden. Durch chemische und physikalische Modifizierung der bekannten Faserstoffe sowie auf Grundlage neuartiger Polymerer wird man Spezialfaserstoffe entwickeln. Eine besondere Bedeutung kommt der physikalischen Modifizierung zu; für ihre perfekte Anwendung ist allerdings die umfassende Kenntnis der Zusammenhänge zwischen Faserstoffstruktur und textilphysikalischen Eigenschaften Voraussetzung. Eine größere Rolle werden in der Zukunft wahrscheinlich auch die Glasfaserstoffe spielen.

Auf die Textiltechnologie eingehend, führte Dr. *Geleji* aus, daß die Chemiefaserstoffindustrie in stärkerem Maße den Bedürfnissen der Textilindustrie entgegenkommen muß. Es sind neue Faserstoffe notwendig, die den Spinnprozeß erleichtern, verkürzen oder überflüssig machen. Hierbei kommt den texturierten Garnen eine große Bedeutung zu. Zum Abschluß seines Beitrages ging Dr. *Geleji* kurz auf die Situation der Fasern aus Folien ein. Es ist anzunehmen, daß im Jahre 2000 Jute, Hanf und Flachs zu 50 bis 60% durch Polypropylenfolienbändchen ersetzt sind. Weitere Einsatzmöglichkeiten sind der Teppichsektor und technische Garne. Allerdings sind die klassischen Verfahren durch die Folientechnologie nicht gefährdet, da die Produktionsgeschwindigkeit beim Spinnen wesentlich höher ist.

Diese Ansicht wurde anschließend von Dr. *Krässig* unterstützt. Auch er war der Meinung, daß die Erzeugung von Fasern aus Folien einen Platz neben den konventionellen Verfahren einnehmen wird, aber diese nicht ersetzen kann. Die Investitionskosten sind zwar niedriger als bei den klassischen Verfahren, sie sind aber nicht so niedrig, daß kleinere Anlagen von ca. 500 bis 800 t/a gegenüber Großanlagen für 3000 bis 5000 t/a, die nach dem Düsenspinnverfahren arbeiten, rentabel würden.

Prof. *Bobeth* faßte die Aussagen der Diskussionsbeiträge zum zweiten Themenkomplex in der Feststellung zusammen, daß die Rationalisierung zum

Zwecke billigerer und schnellerer Herstellung von Chemiefaserstoffen im Vordergrund steht, sensationelle Veränderungen jedoch nicht zu erwarten sind.

Als erster Diskussionsredner sprach Prof. *Michajlov* zum dritten Unterpunkt des Generalthemas: Neue Prinzipien und Technologien zur Herstellung von Chemiefaserstoffen und textilen Flächengebilden. Prof. *Michajlov* brachte zum Ausdruck, daß im Jahre 2000 viele während der Herstellung modifizierte Faserstoffe im Handel sein werden. Um den Bedarf der stark anwachsenden Weltbevölkerung zu befriedigen, müssen neue Technologien zur Herstellung von textilen Flächengebilden ausgearbeitet werden. Man wird für Bekleidungszwecke in immer breiterem Maße Folien mit völlig zufriedenstellenden hygienischen und physikalisch-mechanischen Eigenschaften, ähnlich synthetischem Leder, verwenden.

Dieser Ansicht wurde sehr lebhaft durch Prof. *Pakšver* widersprochen. Nach seiner Meinung lassen sich auch nach dem Düsenspinnverfahren die notwendigen Synthesefaserstoffmengen besonders an Stapelfasern erzeugen; das läßt sich z. B. durch Erhöhung der Zahl der Bohrungen in der Spinndüse erreichen. Gegen eine Bekleidung mit folienartigen Flächengebilden sprechen ferner Gesichtspunkte der Mode. Gewebe und Gewirke sind wesentlich elastischer als Folien.

Die von Prof. *Pakšver* ausgesprochene Meinung wurde auch von Prof. *Rogovin* geteilt. Nach seiner Ansicht überwiegen die Investitionskosten für Anlagen zur Polymerenherstellung gegenüber den Investitionskosten für Anlagen zur Faden- bzw. Flächengebildeherstellung. Das Abwasser- und Abgasproblem wird durch den Flächenbildungsprozeß nicht berührt.

In der Technologie der Herstellung von Stapelfasern sind Fortschritte dadurch möglich, daß man durch orientierte Polymerisation und Polykondensation Fasern herstellen kann, ohne Düsen zu benutzen.

Von Direktor *Allen* wurde ein größerer Einsatz von Vliesstoffen im Jahre 2000 für Bekleidungszwecke verneint. Ein großer Marktanteil wurde den Vliesstoffen von Dr. *Krässig* für Spezialzwecke (z. B. Medizin und Hygiene) zugebilligt. Es ist notwendig, für diesen Sektor Spezial-Viskosefasertypen zu entwickeln, die eine leichte Dispergierbarkeit und ein hohes Selbstbindevermögen aufweisen. Der Anteil der Viskosefasern wird im Vliesstoffsektor besonders hoch sein, da der biologischen Abbaubarkeit von Wegwerfartikeln eine ständig steigende Bedeutung zukommt.

Zur Frage der künftigen optimalen Betriebsgrößen äußerte Prof. *Pakšver*, daß im Jahre 2000 Betriebe für eine Chemiefaserproduktion von 300000 t/a existieren werden. Der von Dr. *Corbière* gebrachte Hinweis auf die soziologischen Probleme, die im Betreiben derartiger Dimensionen auftreten können, wurde von Prof. *Rogovin* mit der Bemerkung entkräftet, daß durch die zu erwartende Rationalisierung die Zahl der Arbeitskräfte nicht in gleichem Maße wie der Produktionsumfang anwachsen würde. Als schwerwiegend wird sich lediglich das Problem der Abgase und Abwässer erweisen.

Im Verlauf des Podiumsgespräches wurde von allen Diskussionsrednern auf die Wechselbeziehung zwischen Chemiefaserstoff- und Textilindustrie hingewiesen. Einerseits muß sich die Textilindustrie der Möglichkeit, Faserstoffe in verschiedenen Formen geliefert zu erhalten, anpassen. Andererseits muß die Chemiefaserstoffindustrie in noch stärkerem Maße auf die Verarbeitungsmöglichkeiten der Textilindustrie eingehen.

H.-J. Jacobasch

Kurze Mitteilungen[1]

Zur Deutung der Glasfadenfestigkeit

DK 677.521:677.017.4

Über das Wesen der im Vergleich zum Massivglas relativ hohen Festigkeit von Glasfäden besteht eine Anzahl teilweise recht widersprüchlicher Hypothesen. Diese Hypothesen, zusammen mit einigen bislang noch nicht befriedigend gedeuteten Phänomenen, sowie eigene experimentelle Befunde erlauben nach unserer Ansicht eine umfassende Erklärung der Festigkeit von Glasfäden. Im folgenden wird eine eigene Hypothese dargelegt:

Bekanntlich besitzen anorganische Gläser in kompakter Form, in der sie sich normalerweise repräsentieren, einen mehr oder weniger ausgeprägten mikroheterogenen Aufbau. Durch Entmischung, eine Erscheinung, die insbesondere durch *W. Vogel* [1] intensiv untersucht und für eine Reihe von Glaseigenschaften verantwortlich gemacht worden ist, kommt es gegenüber der im Ausgangszustand des frisch erschmolzenen Glases homogenen Verteilung der Glaskomponenten zu einer Phasentrennung, die mit einer Aggregation bestimmter chemischer Verbindungen in diskreten Bereichen, den Entmischungsbezirken, verbunden ist.

Chemisch bedeutet die Entmischung — im Falle, daß nur zwei Phasen vorliegen — eine Anreicherung der einen Phase mit SiO_2 und eine Verarmung der anderen an SiO_2 in Silicatgläsern.

Man kann einen Grad der Entmischung definieren, der nicht direkt mit der Größe der Entmischungsbezirke, die z. B. elektronenmikroskopisch sichtbar gemacht werden können, im Zusammenhang stehen muß. Vielmehr kommt der Entmischungsgrad in der Zahl und der Größe der Entmischungsbezirke zum Ausdruck, so daß bei gleichem Entmischungsgrad viele kleine Entmischungsbezirke oder wenige große Entmischungsbezirke vorhanden sein können.

Bei einem bestimmten Entmischungsgrad liegt eine definierte chemische Unterschiedlichkeit der beiden Phasen vor und demzufolge auch eine bestimmte Unterschiedlichkeit physikalischer Eigenschaften. Dies betrifft hauptsächlich die Ausdehnungskoeffizienten der chemischen Verbindungen innerhalb der Entmischungsbezirke, ferner den Transformationsbereich (Glasbildungstemperatur Tg) der jeweiligen Verbindung.

Unserer Ansicht nach ist nun diese Unterschiedlichkeit der Ausdehnungskoeffizienten sowie auch der Tg von ausschlaggebender Bedeutung für eine Vielzahl von Eigenschaften der Gläser, insbesondere die Festigkeit bestimmter Glaskörper. Unter solchen Glaskörpern verstehen wir hauptsächlich von der Herstellungstechnologie her zwei extrem differente Kategorien, nämlich die der Glasfäden einerseits und die der Massivglaskörper andererseits.

Der Herstellung der beiden Arten von Glaskörpern ist im Prinzip gemeinsam der Prozeß des Schmelzens des Glases aus dem Gemenge; nicht gemeinsam ist beiden Arten jedoch die Technologie der Verarbeitung zum geformten Gegenstand. Hierin unterscheiden sich beide sehr wesentlich insofern, als die Abkühlung aus der Schmelze um mehrere Größenordnungen unterschiedlich rasch verläuft.

Es ist bekannt, daß die Festigkeiten von Glasfäden und Massivglaskörpern um etwa zwei Größenordnungen differieren, obwohl beiden natürlich bei gleicher Glaszusammensetzung die gleiche theoretische Festigkeit zugeschrieben werden muß.

Während die Zugfestigkeiten von Massivglaskörpern in der Regel zwischen 5 und 10 kp/mm² liegen, beträgt die Zugfestigkeit von Glasfäden 200 bis 300 kp/mm², unter speziellen Bedingungen sogar mehr als 350 kp/mm².

In bisher erschienenen Publikationen zum Problem der Glasfadenfestigkeit findet sich eine Reihe von Erklärungen für die relativ hohe Festigkeit des Glases in Fadenform, wobei als ursächlicher technologischer Einfluß zumeist die im Vergleich zum Massivglas relativ rasche Abkühlung angeführt wird. Damit fehlt jedoch noch eine Darstellung der thermisch-mechanischen Beziehungen zwischen den Abkühlungsbedingungen und der Glasstruktur sowie, darauf basierend, den Glaseigenschaften im speziellen Glaskörper.

Oftmals wird zwar von einer feineren oder homogeneren Struktur des Glases im Faden gegenüber dem Massivglas gesprochen, jedoch wurden keine Schlußfolgerungen daraus bezüglich der Festigkeit, insbesondere bezüglich des Festigkeitsunterschiedes zwischen beiden Arten von Glaskörpern gezogen. Es gibt aber keine Regel, wonach eine feinere Struktur unbedingt zu einem festeren Körper führen muß.

Auch eine von einigen Autoren postulierte abkühlungsbedingte Druckverspannung einer Mantelzone des Fadens gegenüber dem Kern kann aus verschiedenen Gründen nicht zur Erklärung der relativ hohen Glasfadenfestigkeit herangezogen werden.

Unserer Ansicht nach lassen sich alle vorliegenden, mehr oder weniger theoretisch fundierten Aussagen und experimentellen Befunde zwanglos einer Hypothese unterordnen, die die Beziehung zwischen Stoff, Struktur und Festigkeit unterschiedlich gearteter und hergestellter Glaskörper herstellt.

Wesentlich ist hierfür die Feststellung, daß in den Entmischungsbezirken unterschiedliche Ausdehnungskoeffizienten und unterschiedliche Transformationsbereiche (Glasbildungstemperaturen Tg) vorliegen. Diese Unterschiedlichkeit bedingt folgenden Mechanismus während der Abkühlung des Glases aus der Schmelze[2]: Auf Grund der unterschiedlichen Tg der beiden Phasen erstarrt die eine von beiden zuerst, und zwar die SiO_2-reichere, weil mit dem Anteil an SiO_2 Tg steigt. Sodann erstarrt die SiO_2-ärmere Phase, und im Verlauf der weiteren Abkühlung, d. h. im erstarrenden Glas, kontrahieren auf Grund der unterschiedlichen Ausdehnungskoeffizienten beide Phasen unterschiedlich. In der Regel weist die SiO_2-ärmere Phase in üblichen alkalihaltigen Gläsern auf Grund der größeren atomaren Beweglichkeit der Alkaliionen und damit bewirkter Netzwerklockerung den größeren Ausdehnungskoeffizienten auf.

[1]) Die Veröffentlichung der „Kurzen Mitteilungen" erfolgt unter alleiniger Verantwortung der Verfasser.

[2]) Es sei hier der Vollständigkeit halber vermerkt, daß verschiedentlich im Vordergrund nicht die thermischen Bedingungen, sondern — in Anlehnung an die Verhältnisse bei organischen Fäden — mechanische Einflüsse beim Ziehprozeß des Fadens für die Glasfadenfestigkeit verantwortlich gemacht werden. Dies betrifft vor allem das Verzugsverhältnis, die Ziehspannung und auch andere beim Austritt des Glases aus der Düse auf die Ziehzwiebel ausgeübte äußere mechanische Einwirkungen. Diese können zu bestimmten, nicht primär stofflich bedingten Ziehstrukturen bzw. -texturen führen, so z. B. auch zu einer auf der Überlagerung von Zug- und Schubspannungen in der Verformungszone basierenden nicht achsparallelen Anordnung bzw. Ausrichtung von Strukturelementen, wie sie analog bei fadenförmigen Gebilden aus organischen Polymeren oder Metallen beobachtet wird; als Folge davon lassen sich mitunter schraubenlinige Effekte verschiedener Art nachweisen. Im Gegensatz zu organischen Polymeren kann es sich bei üblichen Gläsern auf Grund der Raumnetzwerkstruktur jedoch nicht um derartige Anordnungen von Molekülketten handeln.

Das führt dazu, daß die als zweite erstarrende Phase bei Raumtemperatur ein größeres Kontraktionsmaß durchlaufen hat als die zuerst erstarrte. Da der stoffliche Zusammenhang zwischen beiden Phasen im erstarrten Glas erhalten bleibt, resultieren aus den unterschiedlichen Kontraktionen beider Phasen Zugspannungen, die zu Spannungskonzentrationen im Bereich der Phasengrenzen führen müssen.

Sowohl die Zugspannungen an sich in mikrolokalen Bereichen des Glases als auch die Spannungskonzentrationen im Bereich der Phasengrenzen müssen sich mindernd auf die Zugbelastbarkeit des Glaskörpers im ganzen, also seine Festigkeit, auswirken.

Damit ist ein Zusammenhang zwischen dem Grad der Entmischung, der die Differenz der Tg und der Ausdehnungskoeffizienten bestimmt, und den festigkeitsmindernden inneren Spannungen im Glasgefüge aufgezeigt; demzufolge besteht ein Zusammenhang zwischen dem Grad der Entmischung und der Festigkeit des Glaskörpers, und es bleibt die Frage zu klären, wovon der Grad der Entmischung abhängt.

Der Grad der Entmischung kann zunächst außer von der Glaszusammensetzung selbst von der Güte des Einschmelzvorganges des Glases, beispielsweise also von der Einschmelztemperatur und Einschmelzdauer, abhängen, denn ein weniger gut eingeschmolzenes Glas zeigt eine größere Tendenz zur Entmischung als ein gut eingeschmolzenes. Die nächste Möglichkeit zum Entstehen bzw. Fortschreiten von Entmischungen besteht auf dem Wege der Glasschmelze in örtlicher und zeitlicher Hinsicht bis zur Verformungsstelle. Die Verformungsstelle ist temperaturmäßig dadurch begrenzt, daß die Verformung mit Erreichen der Glasbildungstemperatur abgeschlossen ist.

In der Regel verweilt das Glas beim Transport von der Schmelzstelle bis zur Verarbeitungsstelle in Abhängigkeit vom jeweiligen Verfahren eine mehr oder weniger lange Zeit bei bis zu mehreren 100 grd unter der Einschmelztemperatur liegenden Temperaturen. An der Verarbeitungsstelle wird das in der Regel bis zu diesem Zeitpunkt über der Liquidustemperatur gehaltene Glas in variabler Zeit bis zu Tg abgekühlt und dabei verformt.

In den beiden letztgenannten Temperaturabschnitten vollzieht sich der Hauptanteil der Entmischung des Glases, wobei es im flüssigen Zustand bei niedrigeren Temperaturen zu stärkerer Entmischung kommt als bei höheren Temperaturen und der Entmischungsgrad mit der Verweilzeit zunimmt.

Damit kommt zum Ausdruck, daß der Grad der Entmischung ganz wesentlich von der Verweildauer des Glases zwischen der Liquidustemperatur und Tg, also von der Formungsdauer des jeweiligen Glaskörpers, abhängt.

Hierin nun unterscheiden sich Fäden und Massivglaskörper außerordentlich. Während der Faden das Temperaturintervall zwischen Liquidustemperatur und Tg (nach Literaturangaben) in etwa 10^{-2} bis 10^{-4} s durchläuft, beträgt diese Zeit bei Massivglaskörpern in der Regel das 10^4- bis 10^5fache.

Infolge dieses enormen Verweilzeitunterschiedes in Temperaturbereichen, in denen Entmischungen relativ rasch fortschreiten, kommt es auch zu sehr großen Unterschieden im Grad der Entmischung und damit im Ausmaß der entmischungsphasenbedingten Unterschiede der Tg und der Ausdehnungskoeffizienten.

Hieraus läßt sich zwanglos folgern, daß im Massivglas in Mikrobereichen wesentlich größere festigkeitsmindernde mechanische Verspannungen der Phasen gegeneinander vorliegen müssen als im Glasfaden, womit auch der enorme Unterschied der beiden „Potentiale" der Festigkeit des Glases in massiver Form und in Fadenform erklärlich ist. Innerhalb dieser beiden Potentiale sind beobachtete Festigkeitsunterschiede relativ gering und nur gradueller Art im Vergleich zum signifikanten Unterschied zwischen den beiden Potentialen.

Diese graduellen Unterschiede beruhen unserer Ansicht nach darauf, daß auch innerhalb der beiden Kategorien von Glaskörpern, abgesehen von anderen Einflüssen, auf die später noch eingegangen wird, technologisch bedingt Kühlzeitdifferenzen anzutreffen sind, die man als unterschiedlich starke Einflüsse auf den Entmischungsgrad ansehen muß.

Eine weitere Beeinflussung des Entmischungsgrades ergibt sich natürlich daraus, daß ein Glas bestimmter Zusammensetzung von der thermischen Vorgeschichte her unterschiedliche Voraussetzungen für eine mehr oder weniger rasche und weitgehende Entmischung mitbringen kann. So wäre es durchaus als Grenzfall denkbar, daß ein sehr gut erschmolzenes und lange bei hoher Temperatur gehaltenes Glas so homogen ist, daß es bei relativ kurzem Verweilen unter an sich entmischungsfördernden Bedingungen nahezu nicht entmischt. Ein solches Glas kann also unter extremen Abkühlungsbedingungen, die im Spinnprozeß generell vorliegen, im verformten, erstarrten Glaskörper ohne spürbare Entmischung vorliegen.

Andererseits wäre es verständlich, daß ein Glas mit ungünstiger thermischer Vorgeschichte nur relativ geringer Anregung bedarf, um rasch weiter zu entmischen. Dann wird auch diese Anregung durch besonders ungünstige technologische Bedingungen — z. B. längere Verweilzeit im Temperaturbereich zwischen Liquidustemperatur und Tg — zu einer stärkeren Variation der Festigkeit in Abhängigkeit von diesen Bedingungen führen.

Im Sinne der vorgelegten Hypothese sind als Phasen im Glas auch Kristallisationen bzw. kristalline Vorbildungen anzusehen, als deren Vorstufe Entmischungsphasen infolge ihres höheren Ordnungszustandes bezeichnet werden. Auch kristalline Entmischungen führen zu Ausdehnungskoeffizienten- und Tg-Differenzen, und zwar sogar in stärkerem Ausmaß, als dies bei der tröpfchenförmigen Entmischung der Fall ist, weil der Extremfall der kristallinen Entmischung bei der Herausbildung reiner SiO_2-Kristalle endet. Diese weisen den extrem niedrigsten Ausdehnungskoeffizienten und die höchste Glasbildungstemperatur auf.

Selbstverständlich ist die mit der dargelegten Hypothese gegebene Erklärung für die relativ hohe Glasfadenfestigkeit im Vergleich zum Massivglas nicht ausreichend, um alle Eigenschaften von Glasfäden vollständig zu erklären. Für den Unterschied zwischen der Glasfadenfestigkeit und der Massivglasfestigkeit reicht sie jedoch völlig aus.

Unterschiede *innerhalb* des Potentials der Glasfadenfestigkeit sind u. a. auch noch damit zu begründen, daß der Faden während des Fadenbildungsprozesses oder unmittelbar danach festigkeitsmindernden Einwirkungen unterliegt, hauptsächlich durch physikalisch-chemischen Angriff sowie mechanische Angriffe, die zur Beschädigung der Oberfläche führen.

Da bei Glas als sprödem Körper der Bruch generell von der Oberfläche ausgeht, kann die Glasfadenfestigkeit auch von derartigen Einflüssen relativ stark abhängig sein. Erst das Ausschalten solcher Einflüsse — soweit möglich — erlaubt die von der relativ gering mikroverspannten Struktur des Glasfadens herrührende relativ hohe Festigkeit voll zu erreichen.

Ein weiterer, die Festigkeitswerte wesentlich beeinflussender Faktor besteht in den Festigkeits-Prüfbedingungen, die in das Ergebnis eingehen, insbesondere sind dies die der Spannung ausgesetzte Fadenlänge und die Prüfdauer.

Es sei ferner angedeutet, daß sich mit dem gemäß unserer Hypothese wesentlichsten Einfluß auf die Glasfestigkeit, nämlich der unterschiedlichen Kontraktion von Entmischungsphasen in Mikrobereichen, auch physikalisch-chemische Phänomene an Glaskörpern deuten lassen.

Überträgt man den Begriff Spannungskorrosion aus der Metallphysik auf das vorliegende Problem, so läßt sich der Analogieschluß ziehen, daß ein weit entmischtes und damit stark mikroverspanntes Glas, wie es im Massivglaskörper vorliegt, infolge der zuvor begründeten Spannungen im Bereich der Phasengrenzen chemischen Angriffen weniger Widerstand leistet als ein homogeneres, weniger verspanntes Gefüge. Aus einem auf den direkten Nachweis dieser erweiterten Hypothese abzielenden Experiment, in dem man beispielsweise ein bestimmtes Glas in Fadenform und in Massivglasform gleichartigen chemischen Angriffen aussetzen würde, dürfte man ein die Hypothese unmittelbar bestätigendes Resultat jedoch nicht unbedingt erwarten: Da sich im Faden der nur geringen Gefügeverspannung eine offenere, einer Korrosion geringen Widerstand entgegensetzende Struktur überlagert (bekanntlich ist auf Grund der stärkeren Unterkühlung im Faden ein Zustand eingefroren, der in stärkerem Maße dem der Flüssigkeit nahekommt, als dies beim Massivglas der Fall ist, woraus sich z. B. für den Faden eine niedrigere Dichte als für den Massivglaskörper ergibt), kann der erstgenannte Effekt gegenläufig stark überdeckt sein; von der offeneren Struktur leitet sich auf Grund der größeren atomaren Abstände in der Glasstruktur des Fadens ab, daß der Faden einem chemischen Angriff weniger Widerstand entgegensetzt als das Massivglas.

Das Resultat dieser Überlagerung umfaßt also durchaus die Möglichkeit, daß sich bezüglich der chemischen Beständigkeit beider Darbietungsformen des Glases Unterschiede experimentell nicht nachweisen lassen oder sogar der umgekehrte Effekt eintritt.

Die dargelegte Hypothese ist durch eigene theoretische und experimentelle Untersuchungen fundiert, und die publizierten Ergebnisse einer Reihe von Autoren — angefangen von *A. A. Griffith* [2], der das Vorhandensein von festigkeitsmindernden „Taschen“ im Glasgefüge postuliert, bis hin zur Beschreibung von Alterungserscheinungen an Glasfaserstoffen durch *W. Bobeth* [3] — lassen sich ihr zwanglos unterordnen.

Literatur

[1] Zum Beispiel in: *Vogel, W.:* Struktur und Kristallisation der Gläser. Leipzig 1965, Verlag für die Grundstoffindustrie.

[2] *Griffith, A. A.:* Philos. Trans. Roy. Soc., Series *A 221* (1920) S. 163—198.

[3] Zum Beispiel in: *Bobeth, W.:* Zur wachsenden Bedeutung der Glasseide. Plenarvortrag zum IV. Wiss. Kongreß 1968 Glas—Glasseide—Feuerfeste Keramik. Sonderheft der Silikattechnik 1968.

Rolf Barthel, Roland Beyreuther und *Walter Müller*
Institut zur Technologie der Fasern in Dresden der Deutschen Akademie der Wissenschaften zu Berlin

Eingegangen am 20. Januar 1971

2. Internationales Symposium „Polykondensationsprozesse“ – 29. bis 30. 9. 1970 in Dresden [1])

DK 061.3.051.1 (430.2—2.73) “1970.09.29/30”: 66.095.3

Tagungen mit spezieller Thematik und einem sachkundigen Teilnehmerkreis gewinnen zunehmend an Bedeutung, da hier die zahlreichen Berührungspunkte eine intensive und diskussionsfreudige Arbeitsatmosphäre schaffen. Das vom Fachverband Makromolekulare Chemie der Chemischen Gesellschaft in der DDR unter aktiver Förderung durch den VEB Chemiefaserkombinat Schwarza „Wilhelm Pieck“ veranstaltete Symposium kann ohne Vorbehalte in die Kategorie dieser Veranstaltungen aufgenommen werden. Insgesamt 14 Übersichtsvorträge (Kurzvorträge in speziellen Sektionen wurden nicht gehalten) vermittelten einen Überblick über Probleme und Ergebnisse der analytischen und präparativen Polymerchemie. Simultanprojektionen von Übersetzungen der in deutscher oder russischer Sprache gehaltenen Vorträge erhöhten den Informationswert für die rund 150 Teilnehmer. Nachstehend wird über die Vorträge kurz berichtet.

Über den Einfluß der Knäuelung der Makromoleküle auf den Reaktionsverlauf in Lösung

E. Turska, Institut für Physikalische Chemie der Polymeren, Polytechnikum Łódź, VR Polen (Eröffnungsvortrag).

Die Reaktionsgeschwindigkeit von Polykondensationsreaktionen in Lösung wird von der Reaktivität der funktionellen Gruppen und von ihrer Akzessibilität, der Wahrscheinlichkeit einer zur Reaktion führenden Wechselwirkung, bestimmt. Die Akzessibilität ändert sich mit dem Knäuelungsgrad der Reaktanten.

Experimentell untersucht wurde die Modellreaktion von 2,2′-bis-(p-Hydroxyphenyl)propan und Chlorkohlensäure-Phenylester sowie die Polykondensation von 2,2′-bis-(p-Hydroxyphenyl)propan mit dessen Bis-chlorkohlensäureester in den Lösungsmittelgemischen Nitrobenzol/Dekalin und Nitrobenzol/p-Dichlorbenzol. Im erstgenannten System sinken Polarität und Lösungsmittelgüte für das Polymere mit steigendem Dekalingehalt. In der zweiten Mischung ändert sich mit dem Dichlorbenzolanteil nur die Polarität.

Die Geschwindigkeit der Modellreaktion wird durch die Zusammensetzung des Lösungsmittels kaum beeinflußt.

Beim makromolekularen System wird die Reaktionsgeschwindigkeit ebenfalls nur geringfügig beeinflußt, wenn man allein die Polarität des Mischlösungsmittels verändert. Bei Verringerung der Lösungsmittelgüte dagegen treten Unterschiede in den kinetischen Konstanten von einer Größenordnung auf.

Gesetzmäßigkeiten der Polykondensation von Dicarbonsäurechloriden und Bisphenolen

S. V. Vinogradova, Institut für Elementorganische Verbindungen, Akademie der Wissenschaften der UdSSR, Moskau.

Wärmebeständige Polyarylate aus Dicarbonsäurechloriden und Bis-phenolen können durch Polyveresterung in Lösung oder an einer Phasengrenze gewonnen werden. Die Reaktion in Lösung oberhalb 150°C oder aber bei niedrigen Temperaturen in Gegenwart eines tert. Amins gehört zu den Nichtgleichgewichtspolykondensationen, da z. B. das Polymere aus 9,9-Bis(4-Hydroxyphenyl)fluoren und Terephthalsäure bei 220°C in Lösung durch HCl nicht gespalten wurde. Die Gleichgewichtskonstante der Modellreaktion von Benzoesäurephenylester mit HCl beträgt bei 40°C $2{,}35 \cdot 10^{-4}$, bei 220°C $4{,}48 \cdot 10^{-3}$. Die Reaktionsordnung der Bildung o. g. Polyarylats wurde für 150°C in Ditolylmethan zu 1,5 ermittelt. Die kinetische Analyse sowie Messungen der elektrischen Leitfähigkeit sprechen für einen ionischen Mechanismus unter Ausbildung von Acylium-Ionen.

Bei hohen Temperaturen können zwischen den Polymermolekülen sowie zwischen Makromolekülen und Ausgangssubstanzen Austauschreaktionen ablaufen, die eine engere Molmassenverteilung hervorrufen. Kristallinitätsgrad und übermolekularer Aufbau von Polyarylaten werden durch die Reaktionsbedingungen bestimmt. Polykondensation in guten Polymerlösungsmitteln führt zu fibrillären Strukturen, Reaktion in schlechteren Lösungsmitteln hingegen zu globulären Strukturen mit schlechteren mechanischen Eigenschaften.

[1]) Die Vorträge werden im J. prakt. Chemie veröffentlicht.

Für die Katalyse der Polyveresterung durch tert. Amine bei niedrigen Temperaturen wird eine nucleophile und eine allgemein basische Wirkung diskutiert, deren Anteile durch Reaktionsbedingungen und chemische Struktur der Monomeren sowie des Amins bestimmt werden.

Problemstellung und Forschungsstrategie für Polykondensationsprozesse

M. Gordon, T. G. Parker und *W. B. Temple*, Universität von Essex, Colchester, England, und *I. A. Love*, Universität von Strathclyde, Glasgow, Schottland.

Der für verzweigte Systeme exakt meßbare Gelpunkt spricht bei der Polyesterbildung von Dicarbonsäuren und mehrwertigen Alkoholen (z. B. Pentaerythrit) hinreichend empfindlich auf Abweichungen vom klassischen Zufallsmodell (Nebenreaktionen, Substitutionseffekte, Ringschlußreaktionen) an, die durch Beobachtungen des Ganges dieses kritischen Punktes in Abhängigkeit von den Reaktionsbedingungen unterschieden und quantitativ erfaßt werden können. Wählt man symmetrische Monomere mit räumlich weit auseinanderliegenden funktionellen Gruppen, so können die Abweichungen vom klassischen Zufallsmodell erwartungsgemäß weitgehend zurückgedrängt werden. Die physikalischen Eigenschaften der Produkte sind dann mit relativ einfachen Modellrechnungen vergleichbar.

Probleme des Zusammenhangs der Molmassenverteilung bei Oligomeren und Kondensationspolymeren

S. G. Ėntelis, Insitut für Chemische Physik, Akademie der Wissenschaften der UdSSR, Moskau

Die physikalisch-mechanischen und die physikochemischen Eigenschaften von Polymeren, die aus reaktionsfähigen Oligomeren erhalten werden, hängen wesentlich von der Funktionalität und der Verteilung der relativen Molekülmassen der als Ausgangsmaterial dienenden Vorpolymeren ab, die durch Absorptions- und Gelchromatographie bestimmbar sind. Massen- und Zahlenfunktion der Molmassenverteilung von Oligomeren können aus gelchromatographischen Angaben berechnet werden. Die analytische Form der Verteilungsfunktion des Endpolymeren als Ergebnis der Transformation der Verteilungsfunktion des Ausgangsoligomeren kann theoretisch nach einem von *Bamford* vorgeschlagenen Verfahren gewonnen werden.

Die Gültigkeit dieser Überlegungen wurde am Beispiel der Reaktion von Diisocyanaten mit Polyesterdiolen überprüft.

Taktizität bei Polykondensaten

R. C. Schulz, Institut für Makromolekulare Chemie der Technischen Hochschule Darmstadt, BRD.

Der ursprünglich nur für Vinylpolymere konzipierte Begriff der Taktizität kann auch auf Polykondensate angewendet werden. Voraussetzung ist, daß jeder Grundbaustein mindestens ein sog. Stereoisomeriezentrum im Sinne des Taktizitätsbegriffes enthält. Dazu gehören generell:

a) C-Atome mit zwei verschiedenen Substituenten,
b) cis-trans-Isomerie von Mehrfachbindungen und von disubstituierten Ringen,
c) Gruppierungen mit zentraler, axialer oder planarer Chiralität.

Optisch aktiver isotaktischer Polymilchsäureester und optisch aktive threo- bzw. erythro-di-isotaktische Polyurethane aus D(+)- bzw. Mesoweinsäureestern enthalten C-Atome mit verschiedenen Substituenten; isotaktische Polyamide aus optisch aktivem 2,2′-Diaminodinaphthyl-1,1′ enthalten atropisomere Biphenylderivate und sind ein Beispiel für Polymere mit axialer Chiralität, und transtaktische Polymere wurden am Beispiel von Polymeren mit Azobenzolbausteinen untersucht.

Durch Belichtung von Bisazidoverbindungen werden in einer photochemischen Stufenreaktion unter Stickstoffabspaltung tiefgefärbte, unlösliche Azobenzolpolymere erhalten.

Fortschritte auf dem Gebiet der Synthese aromatischer Polyester

Z. Jedlinski und *D. Sek*, Institut für Polymere, Polnische Akademie der Wissenschaften, Gliwice.

Polyester aus aromatischen Säure- und Alkoholkomponenten zeichnen sich durch hohen Schmelzpunkt und bemerkenswerte thermische Stabilität aus. Diese Eigenschaften können durch Ersatz des Phenylen- gegen den Naphthylenrest in der alkoholischen Komponente gesteigert werden. Der thermisch stabilste Polyester wurde aus Terephthalsäurechlorid und 4,4′-Dihydroxydinaphthyl-1,1′ (I) (F = 420 °C, Zersetzung erst oberhalb des F) gewonnen. Die Verarbeitbarkeit dieses Polymeren und vergleichbarer Polyester aus Phthalsäure, Isophthalsäure bzw. Terephthalsäure und anderen Naphthalinringe enthaltenden Bishydroxyverbindungen wird durch deren begrenzte Löslichkeit erschwert, so daß Copolyester aus Terephthalsäure sowie I und einem Bisphenol (Molverhältnis 1:1) hergestellt werden. Das Polymere aus Terephthalsäure, I und 2,2-bis(4-Hydroxyphenyl)-propan zerfällt bei 410 °C, ohne vorher zu schmelzen. Verwendet man Phenolphthaleïn oder Fluoreszein als Bisphenolkomponente des Copolyesters, so sind die Polymeren bis 390 °C beständig. Diese Eigenschaft wird auf die Ansammlung von Naphthalinringen in der Kette und die symmetrische Struktur der Polymeren zurückgeführt.

Aliphatisch oder aromatisch gebundenes Chlor enthaltende Polyester sind thermisch unbeständiger.

Die hervorragenden elektroisolierenden Eigenschaften der mechanisch widerstandsfähigen Polymeren werden auch durch längeres Erhitzen auf 175 °C nicht beeinflußt.

Polykondensationsreaktionen bifunktioneller siliciumorganischer Verbindungen

G. Greber, Institut für Makromolekulare Chemie der Universität Freiburg i. Br., BRD.

Mit Hilfe der bekannten Reaktionen zur Knüpfung von Si–C-Bindungen wurden Oligosiloxane mit zwei Hydroxyl-, Amino- oder Anhydridgruppen hergestellt, die dann durch Polymerisation, Polykondensation oder Polyaddition mit geeigneten bifunktionellen Partnern in siloxanmodifizierte Makromoleküle überführt wurden. Die Si-haltigen Reaktionspartner wurden durch Hydrosilylierung mit H_2PtCl_6 als Katalysator oder aber durch metallorganische Synthesen gewonnen.

Durch Reaktion siloxanhaltiger Bisphenole mit Terephthalsäurechlorid wurden in Luft bis 300 °C stabile Polyester gewonnen. Siloxanhaltige Phenol/Formaldehyd-Harze sind hydrophob und deshalb weniger anfällig gegen Kriechströme. Siloxanmodifizierte Polyterephthalamide lösen sich leicht in organischen Lösungsmitteln. Polyimide und Poly-Schiffsche Basen mit Si in der Hauptkette sind löslich und schmelzbar, die Polyimide sind bis gegen 400 °C beständig.

Die Umsetzung von organischen Polymermolekeln, die end- oder seitenständig siliciumfunktionelle Gruppen tragen, mit endständig reaktiven Polysiloxanen führt zu Block- oder Pfropfcopolymeren sowie vernetzten Produkten. Dabei wurden Polymere mit endständigen Si-funktionellen Gruppen durch Kettenabbruch lebender Polymerer mit funktionellen Chlorsilanen und solche mit entsprechenden seitenständigen Gruppen durch radikalische Homo- oder Copolymerisation von ungesättigten Silan- oder Siloxanderivaten gewonnen.

Gesetzmäßigkeiten der Bildung von Makromolekülen in entmischenden Medien

N. S. Enikolopjan, Institut für Chemische Physik, Akademie der Wissenschaften der UdSSR, Moskau

Molmassenverteilungen von Systemen minimaler freier Energie sind in verschiedenen Lösungsmitteln nicht gleich. Im Theta-Punkt entspricht sie der *Flory*-Verteilung. Oberhalb des Theta-Punktes ist sie breiter und unterhalb schmaler. Die Reaktionsgeschwindigkeitskonstanten sind nur im Theta-Punkt von der Molmasse des entstehenden Polymeren unabhängig.

Nichtgleichgewichtspolykondensationen

V. V. Koršak, Institut für Elementorganische Verbindungen, Akademie der Wissenschaften der UdSSR, Moskau (verlesen durch Dr. *Pankratov*).

Nichtgleichgewichtspolykondensationen sind irreversible Reaktionen mit Gleichgewichtskonstanten von 10^3 bis 10^5, deren Endprodukte keine Austauschreaktionen eingehen und eine breitere Molmassenverteilung als Polykondensate aus Gleichgewichtsreaktionen aufweisen. Dazu gehören die Polyamid- und Polyesterbildung aus Dicarbonsäurechloriden und Diaminen bzw. zweiwertigen Phenolen sowie die Polymerenbildung durch Dehydropolykondensation, Polyrekombination und Polycyclisierung. Nichtgleichgewichtspolykondensationen haben in letzter Zeit an Interesse gewonnen, da aus diesen Reaktionen Polymere mit hoher Thermostabilität, biologischer Aktivität und interessanten elektrophysikalischen Eigenschaften resultieren. Untersuchte Beispiele für diesen Reaktionstyp sind die homofunktionelle Polykondensation von Silandiolen und Silantriolen; die Bildung von Polyäthern aus Glykolen; Polymersynthesen mit Hilfe der Reaktion von *Wurtz/Fittig*; die oxydative Dehydropolykondensation von Acetylen zu Carbin $(-C{\equiv}C-)_n$ sowie von Diacetylenverbindungen zu Polymeren des Typs $(-C{\equiv}C-R-C{\equiv}C-)_n$ und von Benzol zu Polyphenylen; die Polyrekombination freier Radikale verschiedenartigster Verbindungen, die durch Radikalübertragung bei der Zersetzung von organischen Peroxiden entstehen; und die Polycyclisierung von Gleichgewichtspolykondensaten unter Ausbildung heterocyclischer Strukturen.

Über den Zusammenhang zwischen der katalytischen Hydrolyse und der Polyveresterungsgeschwindigkeit

I. Vancso-Smercsanyi, E. Szabo-Rethy, P. Hirschberg und *E. Makay-Bödi*, Forschungsinstitut für die Plastindustrie Budapest, VR Ungarn

Die Bruttoreaktionsgeschwindigkeit der Polyveresterung wird durch die Geschwindigkeiten von Hin- und Rückreaktion bestimmt. Durch einen Vergleich der Geschwindigkeitskonstanten von katalytischer Hydrolyse, Polyveresterung und Gleichgewichtskondensation in Abhängigkeit von der Monomerstruktur können Zusammenhänge dieser beiden Reaktionen nachgewiesen werden. Die Säurestärke der Dicarbonsäure beeinflußt die Reaktionsgeschwindigkeiten im Gleichgewicht, bei Polyveresterung und bei Hydrolyse in gleicher Weise.

Zum Einfluß von Transportvorgängen bei der Schmelzpolykondensation von Polyäthylenterephthalat

H. D. Schumann, Großforschungszentrum Chemieanlagen, Dresden, DDR

In einem vorgegebenen Reaktor ohne bewegte Innenteile wurde das Fortschreiten der Polykondensation von Polyäthylenterephthalat in der Anfangsphase der Reaktion durch volumetrisches Erfassen des Reaktionsglykols unter Variation von Schichtdicke und Unterdruck verfolgt. Zur besseren Durchmischung bzw. zur Keimbildung wurde z. T. Stickstoff eingeleitet. Nach differentieller kinetischer Auswertung schwankt die Ordnung der Bruttoreaktion je nach Turbulenz des Systems zwischen ca. 2 und 7,5.

Daraus kann man schließen, daß es sich hier um eine formale Ordnung handelt und die Gesamtreaktionsgeschwindigkeit der Polykondensation vom Stofftransport des Reaktionsglykols bestimmt wird. Untersuchungen nach der Zweifilmtheorie bestätigen diese Annahme.

Synthese phosphorhaltiger Monomerer, Oligomerer und Polymerer aus Methylolderivaten des Phosphors

G. Borissov, Institut für Organische Chemie, Bulgarische Akademie der Wissenschaften, Sofia

Die umfangreiche Herstellung und Anwendung von Polymeren mit P in der Hauptkette scheiterte bislang an der schweren Zugänglichkeit der Monomeren. Aussichtsreiche Synthesewege basieren auf Methylolderivaten des Phosphors.

Durch Umesterung von bis-(4-Carbmethoxyphenoxymethyl)methylphosphinoxid (I) mit Glykolen unter Stickstoff und Zinkacetat als Katalysator wurden in 90%iger Ausbeute faden- und filmbildende Polyester hergestellt. Lichtstreuungsuntersuchungen ergaben je nach eingesetztem Glykol Molmassen bis 100000. Thermische Beständigkeit und Schmelzpunkt sinken mit steigender CH_2-Gruppenzahl im Glykol. Copolyester aus I, Äthylenglykol und Dimethylterephthalat sind ebenfalls faden- und filmbildend. Die thermische Beständigkeit nimmt hier mit steigendem P-Gehalt zu.

Durch Umsetzung von I mit überschüssigen Glykolen bzw. Äthylenglykol und Sebacinsäuredimethylester werden Oligomere und Cooligomere mit 2 OH-Endgruppen gewonnen, die nach Reaktion mit Diisocyanaten zu Polyurethanen führen.

Alle P-haltigen Polyester und Polyurethane haben ein gutes Haftvermögen an Glas- und Metalloberflächen sowie selbstlöschende Eigenschaften.

Veresterung von bis-(Hydroxymethyl)phosphinsäure mit Acrylsäure bzw. Methacrylsäure führt zu ungesättigten Mono- und Diestern, die radikalisch polymerisiert werden können. Mono- und Dikondensationsprodukte der hypophosphorigen Säure mit Chloral können als chlorhaltige Methylolderivate von Phosphin- und Phosphonsäuren aufgefaßt werden. Sie wurden mit aliphatischen Diisocyanaten zu Polyurethanen umgesetzt.

Neue Polykondensationen zur Synthese von Polymeren mit Halbleitereigenschaften

H. H. Hörhold, Sektion Chemie der Friedrich-Schiller-Universität Jena, DDR

Polymere mit alternierenden ungesättigten oder kumuliert-ungesättigten Strukturbausteinen (z. B. Polyxylylyden und substituierte Polyarylenvinylene) sind meist nur durch unkonventionelle Polykondensationsreaktionen (z. B. Kondensation von Dialdehyden mit aktivierten Methylenverbindungen und Dehydrohalogenierung von Dihalogenmethylaromaten) zugänglich. Sie weisen Halbleitereigenschaften und z. T. Photoleitfähigkeit auf. Die basische Kondensation von bis-(Sulfinylamino)-aromaten führt zu Polyarylenschwefeldiimiden, Kondensationen mit Dialdehyden ergeben Polyarylenazomethine.

Über einige neue Polyadditionspolymere

G. Smets, Laboratorium für Makromolekulare Chemie der Universität Leuven, Belgien (Symposiumsvortrag)

Für die Synthese neuer Polymerer wurden im Laboratorium des Vortragenden folgende Reaktionstypen herangezogen:

a) Photochemische Polyadditionen. Bei diesem Reaktionstyp schließt jeder Kettenwachstumsschritt die photochemische Aktivierung endständiger ungesättigter Gruppen ein. Die intramolekulare Cyclisierung bifunktioneller Monomerer wird durch längere aliphatische Ketten bzw. p-Phenylenstrukturen zwischen den reaktiven Gruppen vermieden. Weitere Beispiele photochemischer Polymerenbildung sind die reduktive Photopolyaddition von Bisbenzophenonen sowie die zu Polyaminen führende photoreduktive Polyaddition von Schiffschen Basen.

b) 1.3-Dipolare Polyaddition von Bisdiazoalkanen und Bisaziden mit verschiedenen Bisdipolarophilen. Dabei entstanden bei Verwendung von Bisdiazoalkanen Polymere mit Pyrazol-, Δ^1-Pyrazolin- oder Δ^2-Pyrazolinstrukturen. Die Δ^2-Pyrazoline wurden durch thermische Zersetzung in Polymere mit Cyclopropanringen in der Hauptkette überführt. Der Einsatz von Bisaziden als Bisdipol führt je nach Art des Bisdipolarophils zu 1,4- oder 1,5-Triazol- oder Triazolinstrukturen in der Polymerenkette. Die Triazoline zersetzen sich bei 100 °C unter Bildung von Aziridinen. Polymere mit Triazol- bzw. Aziridinringen in der Kette sind thermisch stabil, merkliche Masseverluste treten erst oberhalb 400 °C auf.

c) Polymerisation von Bisdiazoalkanen zu Polyenarylenen (Schmelzpunkte oberhalb 200 °C, thermisch stabil bis 420 °C) oder Polyazinarylenen (Schmelzpunkte 150 bis 200 °C, thermisch stabil bis 375 °C). Beide Polymertypen wurden IR- und UV-spektroskopisch charakterisiert. *W. Jaeger*

Industriezweigkolloquium „Polyacrylnitrilfaserstoffe"

des VEB Chemiefaserkombinat Schwarza „Wilhelm Pieck", Rudolstadt

DK 061.3.055.1 (430.24) "1970.10.27": 677.494.745.32: 677.021.125

Wie in den vergangenen Jahren wurde in Weiterführung der Jahreskolloquien des Instituts für Textiltechnologie der Chemiefasern vom Chemiefaserkombinat Schwarza „Wilhelm Pieck", Direktorat Wissenschaft, in Rudolstadt das Polyacrylnitrilfaserstoff-Kolloquium am 27. 10. 1970 durchgeführt.

Im folgenden werden die auf dieser Veranstaltung gehaltenen Vorträge kurz besprochen.

Im einleitenden Vortrag

über Entwicklungstendenzen bei Acrylfaserstoffen in Forschung und Produktion

wurde von *H. Dawczynski*, CFK Rudolstadt, Direktorat Wissenschaft, ein Überblick zum gegenwärtigen Stand der Produktion und perspektivischen Kapazitätsentwicklung bei Synthesefaserstoffen, insbesondere Polyacrylnitrilfaserstoffen, gegeben, wobei besonders die Produktionsentwicklung in Japan, den USA und der UdSSR gesondert diskutiert wurde. Dabei wurde festgestellt, daß die japanische PVY-Faserstoffproduktion ständig steigt und sehr exportfreudig ist, während in den USA die PVY-Faserstofferzeugung stagniert. In den USA wurden trotz eines Kapazitätsüberhanges, die PVY-Faseranlagen sind derzeit nur zu 80% ausgelastet, Erweiterungen geplant und eingeleitet. In der UdSSR wird die PVY-Faserstoffproduktion bis 1975 kontinuierlich erhöht, und es werden mehrere Neuanlagen errichtet. Die Gesamtproduktion an Polyacrylnitrilfaserstoffen in der UdSSR wird 1975 auf 105 kt/a erhöht werden, wobei prinzipiell zwei Verfahren zur Anwendung kommen werden:

1. Das Naßspinnverfahren mit DMF als Lösungsmittel und DMF/Wasser-Mischungen als Fällbadflüssigkeit unter Verwendung von Suspensionspolymerisat.
2. Das Naßspinnverfahren mit NaSCN-Salzlösungen in Kombination mit der Lösungspolymerisation (Lizenz von Courtaulds).

Es wurde festgestellt, daß der Weltverbrauch an Polyacrylnitrilfaserstoffen 1970 ca. 1260 kt/a beträgt und im Prognosezeitraum bis 1980 auf 2100 kt/a ansteigen wird.

Weiter wurde ausführlich auf die fotochemische Polymerisation des Acrylnitrils nach dem *Löbering*-Verfahren eingegangen. Es wurde u. a. mitgeteilt, daß die Produktionskosten für 1 t PVY-Fasern, nach dem *Löbering*-Verfahren hergestellt, gegenüber dem Naßspinnverfahren (Na SCN) um 15% und gegenüber dem Trockenspinnverfahren um 32% billiger sind.

Ferner wurde die neue elastische ANIM-8-Faser der Firma Rohm und Haas, USA vorgestellt und besonders auf die textilphysikalischen, chemischen und textilen Verarbeitungseigenschaften eingegangen. Es wurde auf die Bedeutung der sog. technischen PVY-Seide im Hinblick auf die Herstellung von temperaturbeständigen Kohlenstoff-Fasern hingewiesen und einige daraus hergestellte Kohlenstoffaser-Typen behandelt. Außerdem wurde auf die japanischen für textile Zwecke einsetzbare PVY-Seiden eingegangen.

Auf dem Sortimentssektor wurden u. a. die folgenden Neuheiten abgehandelt, und zwar Monsantos-Bikomponentenfaser ACRILAN-A-57, einige Neuentwicklungen von PVY-Fasern für den Teppichmarkt und das neue Acrylfasergarn von DuPont ROTOFIL bzw. NANDEL. Haupttendenzen der PVY-Faserstoff-Forschung sind im wesentlichen, die relativ schlechten hydrophilen Eigenschaften zu verbessern, ferner eine Erniedrigung der elektrostatischen Aufladung zu erreichen; weiterhin wird eine Verbesserung der textilmechanischen Eigenschaften angestrebt. Verstärkt werden Arbeiten durchgeführt zur Entwicklung von PVY-Fasern mit hohem Schrumpf, permanenter Kräuselung, flammhemmend, hohem Weißgrad und Glanz und sehr guter Anfärbbarkeit.

Außerdem wird versucht, PVY-Fasern nach neuen Spinnverfahren herzustellen.

E. Sachmann, CFW Premnitz, sprach zu dem Thema

Gelfraktionierung von Acrylnitrilhomo- und Acrylnitril-Copolymeren

In einer Literaturbetrachtung werden die bisherigen Ergebnisse der Gelfraktionierung von Polyacrylnitril (PAN(R)) und Acrylnitril-Copolymeren in Dimethylformamid (DMF) und 0,1 m LiBr-DMF dargestellt. Insbesondere wird auf die Auftrennung der Anteile mit hohen Molmassen eingegangen. Die besten Möglichkeiten dazu sind die Verlängerung der Säule und Verringerung der Elutionsgeschwindigkeit.

Anhand von Versuchsergebnissen der präparierten Gelfraktionierung von PAN(R) in DMF mit einem in dem VEB Farbenfabrik Wolfen hergestellten vernetzten Polystyrol-Gel GPC 7 (Versuchsprodukt) wird gezeigt, daß durch Verringerung des Gelbettvolumens bei gleichzeitiger Verlängerung der Säule eine Auftrennung bis zu $[\eta] = 6{,}0\ cm^3 \cdot g^{-1}$ erfolgt. Bei einer Elutionsgeschwindigkeit von 44 cm^3/h wird dadurch eine optimale Versuchsdauer erzielt.

Die erhaltenen Versuchsergebnisse werden denen der Fällungsfraktionierung (Methode der Flüssig–flüssig-Phasentrennung nach *Fritzsche*) gegenübergestellt. Die Verteilungskurven zeigen gute Übereinstimmung.

Das Verfahren ist auch für eine Aufnahme der Molmassenverteilung von Acrylnitril(ACN)-Copolymeren geeignet. Bei sulfonathaltigen ACN-Copolymeren muß als Elutionsmittel zur Gelchromatographie aber 0,1 m LiCl-DMF verwendet werden, da in DMF die Molmassenverteilungen analog den Ergebnissen von *Cha*[1]) zu breit werden.

Abschließend wurde gezeigt, daß auch bei einer präparativen Gelchromatographie unter konstanten Versuchsbedingungen eine Kalibrierung mit Polystyrolstandards möglich ist. Sie erfolgt über das hydrodynamische Volumen nach *Coll*[2]). Die über die Kalibrierkurven erhaltenen Molmassen der Fraktionen weichen nur geringfügig von den viskosimetrisch gefundenen Molmassen ab.

Aus der Arbeitsgruppe von *H. Grimm*, *H.-J. Jacobasch*, *I. Grosse* und *A. Ferse*, Institut für Technologie der Fasern der DAW, Dresden, sprach *H.-J. Jacobasch* über

Oberflächeneigenschaften von Faserstoffen, insbesondere Polyacrylnitrilfaserstoffe, bezüglich des Anschmutz- und Waschverhaltens

Nach einer kurzen Charakterisierung der verschiedenen Verschmutzungsarten von Textilien wurde speziell auf die Verschmutzung mit Feststoffpartikeln eingegangen, da diese Verschmutzungsgruppe bei Polyacrylnitrilfaserstoffen eine große Bedeutung hat. Es wurde festgestellt, daß die Haftung von Schmutzpartikeln vorwiegend durch Oberflächenhaftkräfte verursacht wird, und daß die Haftkräfte bei der Anschmutzung die Hauptrolle spielen. Durch Untersuchung der Wirkung verschiedener schmutzabweisender Appreturen konnte nachgewiesen werden, daß diese die freie Oberflächenenergie der PVY-Faserstoffe verringern und daraus resultierend die Trockenschmutzhaftung herabsetzen.

Experimentell wurde bewiesen, daß Trockenanschmutzung und freie Oberflächenenergie die gleiche Konzentrationsabhängigkeit aufweisen und eine Charakterisierung des Trockenanschmutzverhaltens durch Randwinkelmessungen möglich ist. Mit Hilfe der Zeta-Potential-Messungen konnte die Wirkungsweise von trockenschmutzabweisenden Appreturen erklärt werden. Aus den Untersuchungsergebnissen kann gefolgert werden, daß ein direkter Zusammenhang zwischen Oberflächenenergie, Zeta-Potential und Anschmutzneigung besteht.

[1]) *Cha, C. Y.*: J. Polymer Sci., B: Polymer Letters 7 (1969) 5, S. 343–348.

[2]) *Coll, H.*: J. Polymer Sci., A-2: Polymer Physics 8 (1970) S. 89–103.

K. Langner, CFK Rudolstadt, Direktorat Wissenschaft, sprach über

Strukturuntersuchungen an naßgesponnenen Chemiefasern

Mit Hilfe der Hg-Porosimetrie und der Tieftemperaturgasadsorption von Argon wurden Fasern aus dem Produktionsprozeß von WOLPRYLA-65 sowie unter verschiedenen Bedingungen gequollene Viskosefasern untersucht. Es wurden besonders die Trocknungsvorgänge eingehender untersucht, wobei sich die Faserstruktur sehr stark verändert.

W. Peters, CFW Premnitz, berichtete über

Untersuchungen zur Herstellung einer hochschrumpfenden Faser auf Basis AN-Lösungspolymerisation im Labormaßstab

Nach einer Charakterisierung der Bezeichnung PVY-Hochschrumpffaserstoff und der Erläuterung der Zielgrößen bei Aufnahme dieser Laborarbeiten wurden die Versuchsdurchführung hinsichtlich Polymerisation, Erspinnung und Nachbehandlung erläutert. Getestet wurden einige Acrylsäureester sowie Vinylacetat und Methacrylsäuremethylester. Die Ergebnisse wurden mit Hilfe der mathematischen Versuchsauswertung dargestellt. Es zeigte sich starke Abhängigkeit des Schrumpfes vom Esteranteil und auch vom Sulfonatgehalt der Copolymeren. Die Reckung spielt im Hinblick auf die praktische Anwendung nur eine untergeordnete Rolle. Wesentlicher sind die Parameter Reckbadtemperatur und Trocknungstemperatur, da diese mit sinkender Größe den Schrumpf erhöhen. Weiterhin von Bedeutung für die Herstellung eines Hochschrumpffaserstoffes ($S > 30\%$) sind die thermische und hydrothermische Nachreckung. Orientierende textilphysikalische Untersuchungen lassen keine wesentlichen Veränderungen im Vergleich mit WOLPRYLA-65 erkennen.

I. Schönfelder, VEB Chemiefaserkombinat Schwarza „Wilhelm Pieck", Rudolstadt, Direktorat Wissenschaft, berichtet über

Licht-, Wetter- und Verrottungsbeständigkeit von PVY-Faserstoffen

Die Prüfung der natürlichen Lichtbeständigkeit erfolgte über zwei Jahre hinweg in Kuba und Rudolstadt-Schwarza. Für die Charakterisierung der Strahlungsintensität diente die Sonnenscheindauer, angegeben in Stunden der direkten Sonnenstrahlung am Tage. Zwischen beiden Prüfarten ist trotz unterschiedlicher Belichtungsdauer bezüglich der Rangfolge, der Beständigkeit und ihrer Größe bei den PVY-Fasertypen eine gute Übereinstimmung vorhanden. Aus den Untersuchungen lassen sich drei verschiedene PVY-Fasertypen-Gruppen ableiten, und zwar mit einem Festigkeitsabfall $\leqq 10\%$ (WOLPRYLA-65-BT und WT sowie ein trockengesponnener Konkurrenztyp), 40 bis 50% (WOLPRYLA-Premnitz und naßgesponnene PVY-Konkurrenztypen) und $\geqq 50\%$ (nachgesponnene PVY-Konkurrenztypen). Zur Bestätigung der textilmechanischen Lichtschädigung der Prüfgewebe wurde deren Grenzviskosität ermittelt, die nicht bei jedem Prüfgut einen eindeutigen Zusammenhang zwischen Festigkeitsverlust und Grenzviskositätsabnahme erkennen ließ.

Bei der Bewetterung von Geweben bewirken neben der gesamten Globalstrahlung alle Witterungselemente, wie Lufttemperatur, Dampfdruck der Luft, relative Luftfeuchte, Niederschlag (Regen, Schneefall), Frost und Bewölkung die Festigkeitsbeeinflussung des Prüfgutes. Analog zur Lichtbeständigkeit sind die PVY-Fasertypen nicht einheitlich wetterbeständig, sondern gestatten eine Gruppeneinteilung mit gleicher Rangfolge bezüglich der PVY-Faser-Provenienz.

WOLPRYLA 65 BT und WT, wiederum in Übereinstimmung mit dem trockengesponnenen Konkurrenztyp, besitzt die höchste Wetterbeständigkeit. Alle übrigen PVY-Fasertypen besitzen eine bedeutend niedrigere Lebensdauer.

Als Maß für die Substanzschädigung bei der Bestimmung der Verrottungsbeständigkeit wurde die Minderung der Drucklast des Prüfgutes nach dem Erdfaulversuch bestimmt. Nach einem Jahr Eingrabedauer konnte bei allen PVY-Fasertypen nur ein Festigkeitsabfall von ca. 10% ermittelt werden.

Diese komplexe Prüfung hat bei den PVY-Fasertypen hoher Licht- und Wetterbeständigkeit zu einem Festigkeitsverlust von 5 bis 10% geführt. *H. D.*

Neue Bücher

1968 Book of ASTM Standards. Part 27. Plastics — General Methods of Testing, Nomenclature. Ausgabe Juni 1968. Herausgegeben von der American Society for Testing and Materials. 1916 Race St., Philadelphia, Pa. 19103. Baltimore (USA): American Society for Testing and Materials. April 1968. XXV, 890 S. Lwd. $ 16,—.

Der vom ASTM-Komitee D 20 „Kunststoffe" bearbeitete Band 27 enthält die allgemeinen Prüfmethoden und die Nomenklatur der Kunststoffe. Der Band umfaßt 137 Standards, von denen aus der beim Rezensenten vorliegenden Ausgabe 1965 des Bandes 27 unverändert 78 Standards übernommen wurden, auf die hier nicht näher eingegangen werden soll. 47 Standards sind als Neuausgaben bereits vor drei Jahren enthaltener Vorschriften vorhanden, während 12 völlig neu sind. Durch andere Vorschriften wurden inzwischen drei Standards (D 620, D 791 und D 1706) ersetzt.

Die Neuausgaben der bereits früher enthaltenen Standards beziehen sich auf die Prüfung tafelförmiger Elektroisoliermaterialien (D 229), die Prüfung des Gleichstrom-Widerstandes von Isoliermaterialien (D 257), den Zugversuch an vulkanisiertem Gummi (D 412), die Bestimmung des Glanzes (D 523), die Bestimmung der Chemikalienbeständigkeit von Kunststoffen (D 543), den Zugversuch an Kunststoffen (D 638), die Gütevorschriften für Schmelzen zu Prüflingen aus Thermoplasten (D 647), die Messung des Schmelzindexes von heißhärtbaren Preßmassen (D 731), die Bestimmung der Entflammbarkeit von Kunststoffen des selbstverlöschenden Typs (D 757), eine empfohlene Praxis für die Bestimmung der physikalischen Eigenschaften von Kunststoffen bei unter- und übernormalen Temperaturen (D 759), die Bestimmung der Rockwell-Härte von Kunststoffen und elektrischen Isolationsmaterialien (D 785), die Prüfung der Biegeeigenschaften von Kunststoffen (D 790), die Dichtebestimmung an Kunststoffen durch Flüssigkeitsverdrängung (D 792), eine empfohlene Praxis für die Bestrahlung von Kunststoffen mit Quecksilberdampf-Strahlern (D 795), eine empfohlene Praxis für die bei der Prüfung von Phenolharzen zu verwendenden Prüflinge (D 796), die Prüfmethoden für Celluloseaceto-Propionat und -Butyrat (D 817), die Bestimmung der Zugeigenschaften dünner Kunststoffplatten (D 882), die Nomenklatur im Zusammenhang mit Kunststoffen (D 883), die Bestimmung der Weiterreißfestigkeit von Kunststoff-Filmen und -Platten (D 1004), die Bestimmung des Weichmacherverlustes in Kunststoffen (D 1203), die Messung der Fließgeschwindigkeit von Thermoplasten (D 1238), die Bestimmung der Viskosität verdünnter Lösungen von Vinylchlorid-Polymeren (D 1243), die Gasdurchlässigkeitsgeschwindigkeit von Kunststoff-Folien und -Platten (D 1434), eine empfohlene Praxis für die Freibewetterung von Kunststoffen (D 1435) und für die Bestrahlung mit fluoreszierenden Sonnenlicht-Strahlern (D 1501), die Dichtebestimmung von Kunststoffen mit der Dichtegradientensäule (D 1505), die Bestimmung des Vicat-Erweichungspunktes von Kunststoffen (D 1525), Begriffe für Kunststoffe (D 1600), die Hochenergiebestrahlung von Kunststoffmaterialien (D 1672), die Bestimmung der Entflammbarkeit von Kunststoff-Platten und -Schaumstoffen (D 1692), die Bestimmung der Zugeigenschaften von Kunststoffen an kleinen Prüflingen (D 1708), die Bestimmung der Sulfidverfärbung von Kunststoffen (D 1712), die Bestimmung des Aneinanderhaftens von Kunststoff-Folien (D 1893), die Bestimmung der scheinbaren Dichte, des Dichteverhältnisses und der Rieselfähigkeit (D 1895), eine empfohlene Praxis für die Herstellung von Duroplast- (D 1896) und Thermoplast-Prüflingen (D 1897), eine empfohlene Praxis für die Probenahme von Kunststoffen (D 1898), eine empfohlene Praxis zur Intensitätsmessung in Kohlenbogen-Alterungsgeräten (D 1920), die Bestimmung des Weiterreißwiderstandes von Kunststoff-Filmen und

Zum Gedenken an Walter Frenzel

Am 14. 10. 1970 schloß Prof. Dr.-Ing. Walter Frenzel kurz nach Vollendung des 86. Lebensjahres für immer seine Augen. Ein weitgespanntes, ereignisreiches, schicksalsschweres Leben hatte sich erfüllt, ein Leben, das ihn zu einer markanten Persönlichkeit auf dem Gebiet der textilen Lehre und Forschung werden ließ. Wer *Walter Frenzels* Leben richtig würdigen will, muß sich in die fünf Jahrzehnte seiner beruflichen Wirksamkeit zurückversetzen können, als er mit großer Initiative dazu beitrug, durch die Entwicklung neuer Meß- und Prüfmethoden den Qualitätsgedanken, das systematische, wissenschaftlich fundierte Arbeiten in der Textilindustrie mit voranzutreiben. Was heute als Selbstverständlichkeit erscheint, war es anfangs keineswegs. So ist z. B. die Universal-Garnprüfmaschine Dr. *Frenzel-Hahn* der 30er Jahre, mit der am laufenden Faden die innere Gleichmäßigkeit von Fäden kontinuierlich erfaßt werden konnte, ihrer Zeit zweifellos voraus gewesen; erst in den 50er und 60er Jahren kamen Prüfgeräte für die äußere und innere Fadengleichmäßigkeit in natürlich wesentlich modernerer Ausführung in bemerkenswerten Mengen zur Anwendung. In den 70er Jahren wird die Prüfung am laufenden Faden in zunehmendem Maße in den Produktionsprozeß einbezogen, dann aber nicht nur zur Qualitätskontrolle, sondern vor allem zur Steuerung einer gleichbleibenden Fadenqualität. So gesehen steht *Walter Frenzel* mit der „Prüfung am laufenden Faden" mit am Anfang einer bemerkenswerten Entwicklungslinie.

Frenzels vielseitiges Wirken ist in dieser Zeitschrift schon häufig gewürdigt worden (Faserforschung u. Textiltechnik **4** (1953) S. 432; **5** (1954) S. 373—380; **10** (1959) S. 404; **16** (1965) S. 614). Wenn wir jetzt von ihm Abschied nehmen, dann schulden wir ihm Dank für seine stets fortschrittliche Grundhaltung, seine nie erlahmende Initiative, seine richtungweisenden Ideen und Arbeiten, seinen realen Blick für die Belange der Industrie und der Grundlagenforschung, seine erfolgreichen Bemühungen um einen gutausgebildeten Nachwuchs, seine echte Menschlichkeit.

Walter Frenzel sind harte Schicksalsschläge — vor allem während des 2. Weltkrieges — nicht erspart geblieben. Aber gerade aus dieser Situation heraus fand er die Kraft, in Dresden, seiner Geburtsstadt, am Wiederaufbau sehr maßgebend mitzuwirken, was zur baldigen Arbeitsfähigkeit des Instituts für Textiltechnik der TH Dresden und zur Gründung des Instituts für Technologie der Fasern der DAW führte. An beiden Instituten zog er sich ein Mitarbeiterkollektiv heran, das mit ihm in den 50er Jahren sehr bald schon erfolgreich in Lehre und Forschung tätig sein konnte. Über 100 Veröffentlichungen liegen heute von *Frenzel* vor, die vor allem in den 50er Jahren entstanden sind. In diese Zeit fällt auch die Gründung dieser Zeitschrift, die *Erich Correns* und *Walter Frenzel* allen damaligen Schwierigkeiten zum Trotz durchsetzten und damit weit vorausschauend die Zusammengehörigkeit von Chemiefaser- und Textilindustrie bewußt herausstellten. In vielen staatlichen und gesellschaftlichen Gremien wirkte er mit seinen fundierten Kenntnissen zum Wohle unserer Gesellschaft mit.

Viele Ehrungen wurden *Walter Frenzel* in den 50er Jahren zuteil. So war er Mitglied der Deutschen Akademie der Wissenschaften, der Sächsischen Akademie der Wissenschaften, erhielt den Nationalpreis, wurde als Hervorragender Wissenschaftler des Volkes ausgezeichnet.

Walter Frenzel ist trotz aller Erfolge und Ehrungen ein schlichter Mensch geblieben, der stets ein Förderer der Jugend und ihr immer ein väterlicher, gütiger Freund war. Obwohl *Walter Frenzel* über ein Jahrzehnt aus dem beruflichen Leben ausgeschieden war, hat ihn — wie das sonst so oft in unserer schnellebigen Zeit geschieht — die Fachwelt nicht vergessen. Sie und ganz besonders seine mit ihm eng verbundenen ehemaligen Mitarbeiter und Schüler werden ihm stets ein ehrendes Gedenken bewahren, und zwar im Sinne des Goethewortes „Edel sei der Mensch, hilfreich und gut".

W. Bobeth

Neue Bücher (Fortsetzung)

dünnen Platten (D 1922, D 1938), den Zugversuch an dünnen Kunststoffplatten mit Zugprüfmaschinen des „Schiefe Ebene"-Typs (D 1923), die infrarot-spektrophotometrische Bestimmung von Komponenten in Polyvinylchlorid-Verbindungen (D 2124), die Bestimmung der dynamischen Eigenschaften von Kunststoffen mit Hilfe eines Torsionspendels (D 2236), Begriffe der mechanischen Prüfmethoden (E 6), Rundungsregeln bei gemessenen Werten (E 29), eine empfohlene Praxis für die künstliche Bewetterung in Geräten mit Kohlenbogen-Strahlern (E 42) und die Wasserdampfdurchlässigkeit von Platten (E 96).

Gegenüber der Ausgabe 1965 wurden neu aufgenommen die Bestimmung der Chemikalienbeständigkeit von Duroplasten für glasfaserverstärkte Strukturen (C 581), die Bestimmung des Epoxy-Gehaltes von Epoxidharzen (D 1652), die Bestimmung der Alterung bei erhöhten Temperaturen (D 1870), die Bestimmung des Falzwiderstandes von Papier mit dem M.I.T.-Gerät (D 2176), die Berechnung der Neutronendosis auf Polymermaterialien und die Anwendung von Schwellenwertmessungen (D 2365), die Bestimmung des Spiegelglanzes von Kunststoff-Folien (D 2457), eine empfohlene Praxis für die künstliche Bewetterung von Kunststoffen mit wassergekühlten Xenon-Strahlern (D 2565), die Berechnung der aufgenommenen Dosis von Röntgen- und Gamma-Strahlung (D 2568), der Nadel-Weiterreißversuch an dünnen Kunststoff-Platten (D 2582), die Bestimmung der Eindringhärte von Kunststoffen unter Verwendung des Barcol-Eindringkörpers (D 2583), die Ermittlung der Ermüdungsdauer bei verschiedenen Umweltbedingungen (D 2648) und die Bestimmung der Dicke von dünnen Folien durch Wägung (E 252).

Gemeinsam mit dem Band 26 umfaßt der Band 27 alle für die Prüfung von Kunststoffen wichtigen Standards. Die vorstehende Übersicht zeigt dabei wohl am besten, welch umfangreiche Arbeit vom ASTM-Komitee D 20 dabei innerhalb von drei Jahren geleistet wurde. *F. Winkler*

Dyeing and Chemical Technology of Textile Fibres. Von *E. R. Trotman.* 4. neubearb. Aufl. London: Charles Griffin 1970. XII, 678 S. 8°, Kunstleder 170 s.

Schon nach 6 Jahren erscheint eine neue, die 4. Auflage dieses bekannten Lehrbuches von *E. R. Trotman*, das man zur Grundausstattung der englischen Textilliteratur rechnen kann. Es ist dies ein Beweis für die ausgezeichnete Qualität und für die gute Aufnahme, die dieses Werk bei den interessierten Kreisen gefunden hat.

Der Aufbau des Buches wurde gegenüber der 3. Auflage nicht grundsätzlich geändert. Obwohl wichtige neue und aktuelle Abschnitte hinzukamen, wurde durch Kürzung, Streichung veralteter Methoden und Weglassen langer Listen von Farbstoffen, die für spezielle Zwecke eingesetzt werden, die Seitenzahl nur um 47 erhöht.

Die ersten Kapitel behandeln die Geschichte der Färberei, allgemeine Eigenschaften und die Chemie der Natur-, Regenerat- und Synthesefasern. Dann schließen sich Kapitel über Wasser, Wasserreinigung, Detergentien, Waschen, Beuchen, Sengen, Bleichen, optisches Aufhellen, Walken, Schrumpffrei-, Flammfest-, Knitterfrei- und Mottenechtausrüstung an. Es folgen Ausführungen über die Themen: Chemische Konstitution und Farbe, Theorie der Färbung, Färbemaschinen, Farbstoffe und die Applikation der verschiedenen Farbstoffklassen (basische, saure, Direkt-, Beizen-, Naphthol-, Schwefel-, Küpen-, Dispersions- und Reaktivfarbstoffe) auf Wolle, Seide, Cellulose und synthetische Faserstoffe einschließlich ihrer Mischungen. Auch auf die Rolle der Färbebedingungen und Hilfsmittel wird eingegangen. Den Schluß bilden Kapitel über Echtheitsprüfungen gefärbter Materialien (Licht-, Wasch-, Schweißechtheit usw.), Identifizierung von Farbstoffen, Physik der Farbe, Farbmessung, Umrechnungs- und Chemikalientabellen sowie Autoren-, Farbstoff- und Stichwortverzeichnisse.

Das Werk wendet sich vor allem an Studenten und Praktiker, die ihr Wissen erweitern wollen. Es ist leichtverständlich geschrieben und enthält viele Hinweise auf Originalarbeiten. Durch Hervorheben einzelner Stichworte als Überschrift von Abschnitten ist die Übersichtlichkeit der 4. Auflage gegenüber früheren vorteilhaft verbessert worden. Die Diagramme, Zeichnungen und Photographien sind gut reproduziert, die Ausstattung des Buches ist lobenswert.

Es ist nicht zu bezweifeln, daß auch die 4. Auflage bei den Interessenten eine gute Aufnahme finden wird.

G. Hirsch

Kinetics and Mechanisms of Polymerization. Vol. 2: *Ring-opening Polymerization.* Hrsg.: *K. C. Frisch* und *S. L. Reegen.* New York/London: Marcel Dekker 1969. XII, 528 S. Geb. $ 28.50.

Band 2 der Serie Kinetik und Mechanismus der Polymerisation stellt eine Sammlung von 10 Aufsätzen verschiedener Autoren zum Thema „Ringöffnende Polymerisation" dar. Einer Einleitung der Herausgeber, in der Fragen der Polymerisierbarkeit cyclischer Verbindungen in Abhängigkeit von thermodynamischen Größen diskutiert werden, folgen als Beiträge:

Kapitel 1: 1,2 Epoxide. Auf 87 Seiten geben *Y. Ishii* und *S. Sakai* einen Überblick über die anionische, die koordinativionische, die kationische und die radikalische Polymerisation von 1,2 Äthylenoxiden. Ein besonderer Abschnitt ist der Copolymerisation der 1,2 Epoxide gewidmet. Der Artikel wird durch 365 Literaturzitate abgerundet.

Kapitel 2: 1,3 Epoxide und höhere Epoxide. Dieser Beitrag (47 S.) von *P. Dreyfuss* und *M. P. Dreyfuss* schließt sich an den vorangehenden an und behandelt im wesentlichen die kationische Polymerisation von 1,3 und 1,4 Epoxiden. Eine tabellarische Übersicht zur Copolymerisation von cyclischen Äthern ist mit vielen Literaturstellen belegt (insgesamt 110 Lit.).

Kapitel 3: Cyclische Formale. In einem 41 Seiten umfassenden Abschnitt berichten *J. Furukawa* und *K. Tada* über die Polymerisation der Cyclodimeren aus Formaldehyd und Glykolen, aber auch über die Polymerisation von Trioxan, die besonders ausführlich behandelt wird.

Kapitel 4: Cyclische Sulfide. P. Sigwalt beschreibt die Umwandlung der Schwefel-Homologen der Epoxide, Dioxane, Trioxane und von cyclischen Disulfiden in Polymere auf 41 Seiten mit 83 Lit.

Kapitel 5: Alkylenimine. In einem Artikel über Katalyse, Kinetik, Mechanismus und Struktur der Polyäthylenimine hat sich *M. Hauser* vorgenommen, eine Klärung des Bekannten und Ziele für zukünftige Arbeiten zu geben. Für eine derartige Aufgabenstellung erscheint bei einem international intensiv bearbeiteten Gebiet die Literaturzusammenstellung etwas veraltet. Von 46 sind 36 Literaturzitate älter als 10 Jahre, das neueste ist 5 Jahre alt.

In diesem Aufsatz fällt beim Lesen auch die falsche Verwendung des Begriffes Kondensation auf den Seiten 224ff. auf.

Kapitel 6: Lactone. Auf 55 Seiten wird von *R. D. Lundberg* und *E. F. Cox* ein breiter Überblick über die Polymerisationsmechanismen und Copolymerisationen von Lactonen gegeben (175 Lit.).

Kapitel 7: Lactame. Dieser 23 Seiten-Beitrag von *H. K. Reimschüssel* behandelt im wesentlichen Gleichgewichte und Kinetik der hydrolytischen und anionischen ε-Caprolactampolymerisation. 60 Literaturzitate geben einen Überblick über die wichtigsten Publikationen dieses Gebietes.

Kapitel 8: Cyclische Siloxane und Silazane. Über die Polymerisation insbesondere der erstgenannten Verbindungen berichtet *E. E. Bostick* auf 28 Seiten (97 Lit.).

Kapitel 9: Stickstoff-Heterocyclen. V. A. Kargin und *V. A. Kabanov* bieten dem Leser eine kurze Monographie (60 S.) der Polymerisation von Pyridin- und Chinolin-Komplexen zu Polymeren mit konjugierten Doppelbindungen, wobei kinetische und thermodynamische Gesichtspunkte im Vordergrund stehen.

Kapitel 10: N-Carboxy-α-Aminosäureanhydride. Im letzten Kapitel dieses Buches wird von *Y. Shalitin* auf 75 Seiten eine Bestandsaufnahme der Polymerchemie der *Leuchs*schen Körper gegeben. Das Literaturverzeichnis umfaßt den Zeitraum bis 1967 mit 123 Zitaten.

Ein Verzeichnis der Autoren der gesamten zitierten Literatur und ein umfangreiches Sachverzeichnis beschließen den Band.

Die einzelnen Aufsätze enthalten zum Teil neueste unpublizierte Ergebnisse. Hier vermißt man an einigen Stellen experimentelle Details. Leichter als dieser Mangel lassen sich einzelne Druckfehler und Ungebräuchlichkeiten als solche erkennen und korrigieren.

Der Leser hat mit diesem Buch gleichermaßen die Möglichkeit, sich über die Polymerisation eines bestimmten cyclischen Monomeren kurz zu informieren und Anregungen für die Lösung mechanistischer und kinetischer Probleme zu finden. Damit empfiehlt sich das Buch nicht nur in dem in diesem Metier arbeitenden Chemiker. *U. Gohlke*

The Mass Spectra of Organic Molecules. Von *J. H. Beynon, R. A. Saunders* und *A. E. Williams.* Amsterdam/London/New York: Elsevier Publ. Comp. 1968. IX, 510 S., 181 Abb. Dfl 97.50.

Die Massenspektrometrie ist dank der schnellen Entwicklung ihrer methodischen Grundlagen und durch das Erscheinen von guten kommerziellen Massenspektrometern zu einem geschätzten und für viele Probleme unerläßlichen Hilfsmittel bei der Strukturaufklärung organischer Verbindungen geworden. Einer ihrer Vorzüge ist der geringe Substanzbedarf, der die Methode z. B. für die Untersuchung der bei gaschromatographischen Trennungen anfallenden Proben besonders geeignet macht. Die Autoren dieses Buches haben den Versuch unternommen, die in der Literatur verstreuten Ergebnisse und Informationen zusammenfassend darzustellen, um auf diese Weise die Leistungsfähigkeit der Methode aufzuzeigen und zugleich dem Anfänger eine Einführung zur leichteren Einarbeitung in die Arbeitsweise des Massenspektroskopikers in die Hand zu geben.

Im ersten Kapitel wird eine allgemeine Einführung in die physikalischen Grundlagen der Methode gegeben. Die Apparaturen werden nur sehr kurz gestreift; etwas ausführlicher wird auf die für den Experimentator wichtigen Verfahren der Probenzuführung und auf die Entstehung der Massenspektren durch Fragmentierung und Rekombination eingegangen. Auch auf die Möglichkeiten zur Anwendung der Computertechnik bei der massenspektroskopischen Analyse wird in diesem Kapitel hingewiesen. Wegen der gedrängten Fassung des Textes erhält der Neuling nur einen kleinen Eindruck von den Problemen, die mit der Aufnahme und der Auswertung von Massenspektren verbunden sind. Die Eigenschaften der im Massenspektrometer gebildeten Ionentypen, deren Kenntnis zur Vermeidung von Fehlinterpretationen notwendig ist, werden im zweiten Kapitel beschrieben, wobei vor allem auf die metastabilen Ionen und auf die durch Umlagerungen entstehenden Ionen eingegangen wird. Im Hauptteil des Buches werden in acht Kapiteln die von verschiedenen organischen Verbindungsklassen erzeugten Massenspektren behandelt. Entsprechend ihrer Bedeutung für die Bildung der Massenspektren erfolgte eine Einteilung nach Heteroatomen (Kohlenwasserstoffe, Sauerstoff-, Stickstoff-, Schwefel-, Halogen-, Bor-, Phosphor- und Siliciumverbindungen). In den Text ist eine große Zahl von Beispielen für die Identifizierung von Verbindungen anhand ihrer Massenspektren eingestreut, um die Vor- und Nachteile der Methode herauszustellen. Mehrfach wird auf den Nutzen zusätzlicher Informationen hingewiesen, die man z. B. mit der Ultrarotspektroskopie oder mit der magnetischen Kernresonanz erhalten kann. Ein letztes Kapitel enthält ausschließlich instruktive Beispiele, die zeigen sollen, wie die Massenspektroskopie in praktischen Fällen eingesetzt werden kann, um die Struktur einer unbekannten Substanz zu bestimmen. Der Anhang enthält Tabellen von Peaks, die gewöhnlich in den Massenspektren bestimmter organischer Verbindungsklassen gefunden werden und bei vorsichtigem Gebrauch einen raschen qualitativen Überblick ermöglichen, und eine Tabelle mit den Massen und relativen Häufigkeiten der wichtigsten Atomkerne.

Als Einführung in die Methode der organischen Massenspektrometrie und als Anleitung zur massenspektrometrischen Strukturanalyse kann das Werk sehr empfohlen werden. Unter Zuhilfenahme des umfangreichen Sachverzeichnisses ist es auch als Nachschlagewerk gut zu verwenden.

J. Dechant

Textilfachwörter. Deutsch-italienisch und italienisch-deutsch. Von *Werner Linke* in Zusammenarbeit mit *Roberto Chiappo* und *Werner Hacker*. Heidelberg: Verlag Melliand Textilberichte 1970. 172 S. Geb. DM 14,80.

Der Verlag „Melliand Textilberichte" gab zum Jahresende 1970 ein italienisch-deutsches Textilfachwörterbuch heraus, mit dem sich Verfasser und Verlag ein großes Verdienst erworben haben, da an solchen Nachschlagebüchern ein fühlbarer Mangel besteht. Auf 172 Seiten bringt der erste Abschnitt den deutsch-italienischen Teil (S. 5 bis 91), der zweite den italienisch-deutschen Teil (S. 93 bis 172). Das Nachschlagen der Wörter ist so einfach wie möglich, da auf Verweisungen von einem Stichwort zum anderen verzichtet wurde. Auch sind zu jedem Wort nur jene Übersetzungen angegeben, die sich auf das Textilgebiet beziehen. Die Benutzung des Wörterbuches setzt allgemeine Sprachkenntnisse voraus, denn es enthält keine grammatikalischen Erklärungen — nur das Geschlecht sowohl der deutschen als auch der italienischen Wörter ist angegeben. Das Buch enthält die meistgebrauchten Fachausdrücke aus Textiltechnik und -industrie (auch Wörter aus den Nebengebieten Chemie, Physik und Biologie), ohne wohl den Anspruch auf Vollständigkeit zu erheben.

Es möge gestattet sein, auf einige kleine Druckfehler bzw. Ungenauigkeiten hinzuweisen, damit sie in einer evtl. Neuauflage ausgemerzt werden können: S. 33 und S. 125 Gabardine (f), S. 62 Polyvinylchlorid, S. 114 Chrom (n), S. 116 Karbonisierfehler (m), S. 121 Spleißen, S. 125 Formaldehyd (m) und S. 91 alphabetische Reihenfolge Zink—Zinkweiß—Zinn.

Es ist ein handlicher Band, für den Gebrauch in der Praxis erarbeitet. Hervorzuheben ist noch seine großzügige typografische Gestaltung.

J. Krause

Nähwirktechnik. Von *Hermann Kirchenberger*. Heidelberg: Melliand Textilberichte, 1970. 60 S., 39 Abb., A 5 quer brosch. DM 20,—.

Der Akzent der vorliegenden Arbeit liegt in dem Bestreben, in anschaulicher und eindrucksvoller Weise die Grundkenntnisse über die Nähwirktechnik zu vermitteln. Zwar sind heute auch dem Laien auf dem textilen Fachgebiet die Malimotextilien längst bekannt, jedoch ist es immer wieder auch für den Textilfachmann interessant, in einer zusammenfassenden Darstellung dieses textile Neuland behandelt zu sehen. Auf dieses Neuland weist auch *Heinrich Mauersberger* in seinem Vorwort zur „Nähwirktechnik" hin und deutet verschiedene Möglichkeiten und Entwicklungsrichtungen an.

Behandelt werden die verschiedenen Maschinentypen und -systeme von Malimo, Malipol, Maliwatt, Malifil, von Arachne, Arabeva, Araknit und Araloop und die verschiedenen sowjetischen Maschinen-Typen der WP- und ACW-Reihe. Eingehend werden auch Ausführung und Verwendung der verschiedenen Arten von Nähgewirken behandelt.

K. Meyer

Patentschau

Auszug aus der Lieferung 19/20/1970 der Patentschau „Faserstoffe und Textiltechnik",
Ausgabe A: Faserstoffe einschl. Kunststoffe und organ. Grundsubstanzen, zusammengestellt von der Abteilung
Wissenschaftliches Berichtswesen des Instituts für Faserstoff-Forschung der DAW, 153 Teltow-Seehof, Kantstr. 55

Die Patentschau ist nach der Internationalen Patentklassifikation (IPC) gegliedert. Es bedeuten: DDP = DDR-Patent; DBP = Deutsches Bundespatent; DAS = (West)-Deutsche Auslegeschrift; DOS = (West)-Deutsche Offenlegungsschrift; OeP = Österreichisches Patent; PoP = Polnisches Patent; SzP = Schweizer Patent; FrP = Französisches Patent; GBP = Britisches Patent; JaP = Japanisches Patent; SvP = Schwedisches Patent; SUP = Sowjetisches Patent; ČSP = Tschechoslowakisches Patent; USP = Amerikanisches Patent; A = Anmeldedatum, B = Tag der Ausgabe der Offenlegungs-, Auslege- bzw. Patentschrift.

Section C. Chemie und Metallurgie

CHEMIE

Klasse C 07. Organische Chemie

Klasse C 07c. Acyclische und carbocyclische Verbindungen

DOS 1568200. Verfahren zur Herstellung von Acrylsäure. Erf.: *Richard Krabetz, Heinz Engelbach* u. *Helmut Zinke-Allmang*. Anm.: Badische Anilin- & Soda-Fabrik AG, 6700 Ludwigshafen (DB). A. 25. 10. 66, O. 5. 2. 70. Kl.: 120, 21. A.-Z.: P 1568200 (B 89554).

DOS 1568081. Verfahren zur Abtrennung von (Meth)acrylsäure. Erf. *Helmut Nonnenmacher †, Hans-Martin Weitz* u. *Carl-Heinz Willersinn* Anm.: Badische Anilin- & Soda-Fabrik AG, 6700 Ludwigshafen (DB). A. 19. 2. 66, O. 5. 2. 70. Kl.: 120, 21. A.-Z.: P 1568081 (B 85874). Entspr. FrP 1511540.

DAS 1299627. Verfahren zur Herstellung von reinster Terephthalsäure. Erf.: *Ewald Katzschmann*. Anm.: Dynamit Nobel AG, 5210 Troisdorf. A. 3. 9. 66, B. 24. 7. 69. Kl.: 12o, 14 (12g, 2/01, 39b5, 17/06). A.-Z.: P 1299627 (D51020). Entspr. DDP 64447, SzP 479525 u. FrP 1551031.

JaP 7010334-R. Reinigung von Terephthalsäure. Inh.: Teijin Ltd. A. 20. 2. 67, B. 14. 4. 70. A.-Z.: 10830/67.

JaP 7010930-R. Herstellung von Terephthalsäureglykolester. Inh.: Sumitomo Chemical Co. Ltd. A. 16. 2. 65, B. 20. 4. 70. A.-Z.: 8785/65.

DOS 1568369. Verfahren zur Herstellung von Methacrylsäureamid. Erf.: *Mansfeld* u. *Peter Sven*. Anm.: Deutsche Gold- und Silber-Scheideanstalt vorm. Roessler, 6000 Frankfurt (DB). A. 11. 2. 66, O. 12. 2. 70. Kl.: 12o, 21. Int. Kl.: C 07c. A.-Z.: D 49347.

Klasse C 07d. Heterocyclische Verbindungen

DAS 1297609. Verfahren zur Reinigung von Lactamen. Erf.: *Mitsuo Ishikawa, Shunsuke Yonehara* u. *Takanobu Godo*. Anm.: Toyo Rayon Kabushiki Kaisha, Tokio. A. 3. 7. 64, B. 19. 6. 69. Kl.: 12p, 5. A.-Z.: P 1297609 (T 26514). Prior.: 3. 7. 63 (Ja; A.-Z.: 34310). Entspr. USP 3347852.

SzP 494227. Verfahren zum Reinigen von α-Aminolactamen. Erf.: *Albertus Hubertus Pécasse* u. *Johannes Engelbertus Nelemans*. Inh.: Stamicarbon N. V., Van der Maesenstraat 2, Heerlen (Nd). A. 3. 5. 67. Int. Kl.: C 07d 41/06. A.-Z.: 6289/67. Prior.: 7. 5. 66 (Nd; A.-Z.: 6606261).

GBP 1193586. Verfahren zur Herstellung einer Mischung von einem Lactam und einer Alkaliverbindung des Lactams. Inh.: Stamicarbon N. V. A. 5. 4. 68, B. 3. 6. 70. Kl.: C 2. C, Int. Kl.: C 07d 41/06. A.-Z.: 16476/68. Prior.: 5. 4. 67 (Nd; A.-Z.: 6704865).

USP 3507856. Reinigung von Caprolactam, das durch Nitrosierung von Cyclohexylverbindungen erhalten wurde. Erf.: *Francesco Siclari, Cesano Maderno, Giuseppe Messina* u. *Edgardo Horak*. Inh.: Snia Viscosa Società Nazionale Industria Applicazioni Viscosa S. p. A., Mailand (It). A. 19. 7. 67, B. 21. 4. 70. Kl.: 260-239, 3. Int. Kl.: C 07d 41/06. 4 Anspr.: A.-Z.: 654384. Prior.: 27. 7. 66 (It; A.-Z.: 17414/66). Entspr. OeP 278734.

Klasse C 08. Makromolekulare Verbindungen, ihre Herstellung und chemische Verarbeitung, auf diesen Verbindungen beruhende Gemische

Klasse C 08b. Polysaccharide und deren Derivate

USP 3505313. Verfahren zur Herstellung von gebleichtem und gereinigtem Celluloseacetat. Erf.: *Ichiro Kato*. Inh.: Teijin Ltd., Osaka (Ja). A. 17. 4. 67; B. 7. 4. 70. Kl.: 260-230, Int. Kl.: C 08b 3/22. 12 Anspr. A.-Z.: 631136.

USP 3507852. Extraktionsveresterungsverfahren. Erf. u. Inh.: *William Kuchmy*, 1593 Plank Road, Webster, N. Y. 14580. A. 12. 1. 68, B. 21. 4. 70. Kl.: 260-209, 6, Int. Kl.: C 08b 3/06, 3/20, 19/10. 3 Anspr. A.-Z.: 697316.

JaP 7011437-R. Verbesserung der Hitzebeständigkeit von Cellulosediacetat Inh.: Teijin Ltd. A. 28. 11. 67, B. 24. 4. 70. A.-Z.: 76633.

Klasse C 08c. Natürlicher Kautschuk und seine Derivate

USP 3505287. Nicht färbbare, den Abbau von Polymeren verhindernde Substanzen aus asymmetrischen Phenolen. Erf.: *Evan Johnson Young* u. *Charles Gene Summers.* Inh.: Monsanto Co., St. Louis, Mo. A. 16. 1. 67, B. 7. 4. 70. Kl.: 260-45, 95. Int. Kl.: C 08c 11/30. 12 Anspr. A.-Z.: 609335. Entspr. GBP 1189234.

Klasse C 08d. Synthesekautschuk

JaP 7008341-R. Verfahren zum Verbinden von Kautschuk mit Faserstoff. Inh.: Toyo Rubber Ind. Co. Ltd. A. 15. 6. 65, B. 25. 3. 70. Kl.: A 22. A.-Z.: 35925.

JaP 7009070-R. Binden von Synthesefasern an Kautschuk. Inh.: Bridgestone Tire Co. Ltd. A. 22. 3. 65, B. 1. 4. 70. Kl.: A 22, A 18. A.-Z.: 16291/65.

JaP 7011818-R. Binden eines faserverstärkten Kautschuks an Kautschuk. Inh.: Japanese Geon Co. Ltd. A. 5. 2. 66. B. 28. 4. 70. A.-Z.: 6392/66. Entspr. GBP 1151254.

Klasse C 08f. Polymerisationsprodukte

DOS 1570492. Verfahren zur Herstellung von mit fluoreszierenden Verbindungen verbundenen Polymerisaten. Erf.: *Shojiro Horiguchi* u. *Michiei Nakamura.* Anm.: Dainichiseika Color & Chemicals Mfg. Co. Ltd., Tokio (Ja). A. 22. 12. 65, O. 5. 2. 70. Kl.: 39b4, 1/84. A.-Z.: P 1570492 (D 48980). Prior.: 29. 12. 64 (Ja; A.-Z.: 39/074160, 39/074159). A.-Z.: 74159 entspr. GBP 1142504, A.-Z.: 74160 entspr. GBP 1142504 u. USP 3467642.

DAS 1570916. Verfahren zur Polymerisation von konjugierten Diolefinen. Erf.: *Akio Takahashi, Masayuki Nakano* u. *Toshio Hirose.* Anm.: Mitsui Toatsu Chemicals Inc., Tokio (Ja). A. 30. 10. 64, B. 9. 4. 70. Kl.: 39b4, 1/32. A.-Z.: P 1570916 (M 62950). Prior.: 30. 10. 63, 14. 1. 64 u. 18. 3. 64 (Ja; A.-Z.: 61614, 5676 u. 17981, A.-Z.: 5676 entspr. JaP 12822/68). Entspr. GBP 1030932.

GBP 1193488. Verfahren zur Herstellung von Äthylencopolymeren. Inh.: Polymer Corp. Ltd. A. 24. 10. 67, B. 3. 6. 70. Kl.: C 3. P, Int. Kl.: C 08f 1/06. A.-Z.: 48341/67. Prior.: 24. 10. 66 (Ca; A.-Z.: 973877). Entspr. FrP 1541578.

SvP 324891. Suspensionspolymerisation von Vinylchlorid in Gegenwart eines wasserlöslichen und eines monomerlöslichen Suspensionsmittels. Erf.: *G. Benetta* u. *G. Cinque.* Inh.: Società Edison S. p. A., Mailand (It). A. 20. 9. 63, B. 15. 6. 70. Int. Kl.: C 08f 1/14. A.-Z.: 10299/63. Prior.: 20. 9. 62 (It; A.-Z.: 18518). Entspr. SzP 429186, FrP 1369776 u. GBP 1052871.

USP 3506634 Zus. z. Pat. m. A.-Z.: 332309. A. 20. 12. 63; u. Pat. m. A.-Z.: 829418. A. 24. 7. 59. Verfahren zum Abführen der Reaktionswärme während Copolymerisationsreaktionen und zur gleichzeitigen Regelung der Zusammensetzung des hergestellten Copolymeren auf einen vorherbestimmten konstanten Wert. Erf.: *Giovanni Di Drusco* u. *Franco Pace.* Inh.: Montecatini Edison S. p. A., Mailand (It). A. 26. 8. 66, B. 14. 4. 70. Kl.: 260-88, 2, Int. Kl.: C 08f 1/06, 1/08, 15/04. 2 Anspr. A.-Z.: 575471. Prior.: 31. 7. 58 (It; A.-Z.: 11681/58). Entspr. SvP 217128.

DDP 73649. Verfahren zur Herstellung von polaren elastomeren Multipolymeren. Erf. u. Inh.: *Elisabeth Anton, Irene Solf* u. *Jürgen Vahldieck.* A. 4. 4. 68, B. 5. 6. 70. Kl.: 39c, 25/01, Int. Kl.: C 08d. A.-Z.: WP 93c/131383. Entspr. DOS 1914888.

DOS 1520841. Katalysator und Verfahren zur Polymerisation von Olefinen. Erf.: *Pierre Dassesse* u. *Roger Dechenne.* Anm.: Solvay & Cie., Brüssel (Be). A. 20.12.63, O. 19.2.70. Kl.: 39b4, 3/02. A.-Z.: P 1520841 (S 88810). Prior.: 10. 1. 63 (Nd; A.-Z.: 287653). Entspr. SzP 424270, FrP 1379988, GBP 1002686 u. USP 3356668.

DOS 1570197. Prozeß der Polymerisation des Äthylens in heterogener Phase, charakterisiert durch einen Mechanismus von langlebigen Radikalen. Erf.: *Enrico Cernia, Arturo Rio, Natale Ercoli Malacari* u. *Corrado Mancini.* Anm.: Asfalti, Bitumi, Cementi e Derivati S. p. A., Rom (It). A. 10. 3. 65, O. 12. 2. 70. Kl.: 39b4, 3/04. A.-Z.: P 1570197 (A 48599). Prior.: 10. 3. 64 (It; A.-Z.: 5195/64). Entspr. FrP 1429582 u. GBP 1105174.

DOS 1570454 Zus. z. Anm. 1495529. Verfahren zur Herstellung von sterisch geordneten Vinylchlorid- und Vinylchloridmischpolymerisaten. Erf. *Karl-Heinz Dießel, Gerhard Bier, Werner Trautvetter* u. *Robert Büning.* Anm.: Dynamit Nobel AG, 5210 Troisdorf (DB). A. 10. 6. 65, O. 5. 2. 70. Kl.: 39b4, 3/30. A.-Z: P 1570454 (D 47473). Entspr. SzP 476768, FrP 90095 u. GBP 1091717.

DOS 1604349. Verfahren zur Herstellung von Polytetraäthylenpulver. Erf. *Yutaka Kometani, Shun Kaizumi, Takeshi Suzuki, Tekeaki Nakajima* u. *Chuzo Okuno.* Anm.: Daikin Kogyo Co., Ltd., Osaka (Ja). A. 18. 5. 65, O. 5. 2. 70. Kl.: 39b4, 3/24. A.-Z.: P 1604349 (D 47303). Prior.: 18. 5. 64, 20. 6. 64 (Ja; A.-Z.: 27644/64, 35007/64, 35008/64). Entspr. FrP 1450542.

DOS 1570962. Verfahren zur Herstellung von 1-Olefin-Polymerisaten hoher Kristallinität. Erf.: *Juntaro Sasaki, Tadaichi Tokuzumi* u. *Toshio Senoue.* Anm.: Mitsui Petrochemical Industries Ltd., Tokio. A. 23. 3. 65, O. 26. 2. 70. Kl.: 39b4, 3/02. A.-Z.: P 1570962 (M 64624). Prior.: 24. 3. 64 (Ja; A.-Z.: 15898, JaP 29591/68). Entspr. FrP 1427485, GBP 1078855 u. USP 3445443.

DOS 1645308. Verfahren zur Tieftemperaturpolymerisation von Vinylmonomeren. Erf.: *Giancarlo Borsini, Francesco Visani* u. *Guidobaldo Cevidalli.* Anm.: Società Edison, Mailand (It). A. 30. 11. 65, O. 19. 2. 70. Kl.: 39b4, 3/30. A.-Z.: P 1645308 (S 100731). Prior.: 3. 12. 64 (It; A.-Z.: 25998/64). Entspr. DDP 54108, SzP 487190, FrP 1456140, GBP 1128172 u. USP 3415797.

DOS 1940095. Verfahren zur Herstellung von Polyvinylchlorid mit hoher Stereoregelmäßigkeit. Erf.: *Seba Calgari, Antonio Matera* u. *Pietro Paolo Rossi.* Anm.: Snia Viscosa Società Nazionale Industria Applicazioni Viscosa S. p. A., Mailand (It). Y. 6. 8. 69, O. 12. 2. 70. Kl.: 39b4, 3/30. A.-Z.: P 1940095. Prior.: 6. 8. 68 (It; A.-Z.: 19880 A/68). Entspr. FrP 2015158.

JaP 7011430-R. Herstellung von Vinylchlorid-Polymerpulver zur Verwendung in Breiform beim Trockenspinnen. Inh.: Nippon Carbide Industries Co. Inc. A. 6. 1. 65, B. 24. 4. 70. A.-Z.: 336/65.

JaP 7012147-R. Verseifung von Vinylacetatpolymeren. Inh.: Kurashiki Rayon Co. Ltd. A. 12. 4. 67, B. 2. 5. 70. A.-Z.: 23321/67. Entspr. FrP 1576427 u. GBP 1172967.

DOS 1570297. Verfahren zur Polymerisation von α-Methylstyrol. Erf.: *Joachim Stedefeder* u. *Eckhard Ropte.* Anm.: Badische Anilin- & Soda-Fabrik AG, 6700 Ludwigshafen (DB). A. 3. 9. 65, O. 5. 2. 70. Kl.: 39b4. 7/02. A.-Z.: P 1570297 (B 83578). Entspr. FrP 1491738.

DOS 1545028. Verfahren zur Herstellung von Olefinmischpolymerisaten. Erf.: *Osamu Fukumoto* u. *Yuji Atarashi.* Anm.: Toyo Rayon K. K., Tokio (Ja). A. 12. 6. 64, O. 5. 2. 70. Kl.: 39b4, 15/02. A.-Z.: P 1545028 (T 26362). Prior.: 12. 6. 63 u. 14. 6. 63 (Ja; A.-Z.: 31457, 30512, A.-Z.: 30512 entspr. JaP 12159/68. Entspr. FrP 1401605 u. GBP 1063040.

DOS 1595011. Neue Polymere und Elastomere und Verfahren zu ihrer Herstellung. Erf.: *Guido Sartori* u. *Alberto Valvassori.* Anm.: Montecatini Edison S. p. A., Mailand (It). A. 20. 11. 65, O. 19. 2. 70. Kl.: 39b4, 15/40. A.-Z.: P 1595011 (M 67330). Prior.: 23. 11. 64 (It; A.-Z.: 25084/64). Entspr. FrP 1454300.

DOS 1620601. Neue Copolymere und Elastomere und Verfahren zu ihrer Herstellung. Erf.: *Alberto Valvassori, Guido Sartori* u. *Vittorio Turba.* Anm.: Montecatini Edison S. p. A., Mailand (It). A. 25. 9. 65, O. 26. 2. 70. Kl.: 39b4, 15/40. A.-Z.: P 1620601 (M 66768). Prior.: 28. 9. 64 (It; A.-Z.: 21056-64). Entspr. FrP 1447845.

SvP 323207. Verfahren zur Herstellung von linearen, amorphen Äthylenpropylencopolymeren. Erf.: *A. Valvassori, R. Serra* u. *G. Sartori.* Inh.: Montecatini Soc. Gen. per l'Industria Mineraria e Chimica, Mailand (It). A. 26. 2. 63, B. 27. 4. 70. Int. Kl.: C 08f 15/04. A.-Z.: 2068/63. Prior.: 27. 2. 62 (It; A.-Z.: 3979). Entspr. DOS 1520288, SzP 452899, FrP 83120, GBP 985594 u. USP 3369011.

USP 3506629. Verfahren zur Herstellung von Äthylencopolymeren mit einem Ziegler-Katalysator. Erf. u. Inh.: *Cornelis E. P. V. van den Berg,* Guido Gezellelaan 34, Geleen (Nd); *Renier J. L. Graff,* Graetheidelaan 2, Beek, Limburg (Nd) u. *Willy J. Hindriks,* Rijksweg Z 37, Geleen (Nd). A. 6. 2. 67, B. 14. 4. 70. Kl.: 260-80, 78, Int. Kl.: C 08f 15/40. 9 Anspr. A.-Z.: 614031. Prior.: 9. 2. 66 (Nd; A.-Z.: 6601610). Entspr. FrP 1510689 u. GBP 1175593.

DOS 1520311. Ungesättigte Polycarbonylverbindungen mit hohem Molekulargewicht und Verfahren zu ihrer Herstellung. Erf.: *Giulio Natta, Alberto Valvassori* u. *Guido Sartori.* Anm.: Montecatini Edison S. p. A., Mailand (It). A. 24. 6. 63, O. 19. 2. 70. Kl.: 39b4, 27/22. A.-Z.: P 1520311 (M 57277). Prior.: 26. 6. 62 (It; A.-Z.: 12815/62). Entspr. SzP 455293, GBP 993481 u. SvP 305538.

DOS 1570585. Verfahren zur Herstellung von Poly-2-vinylpyridin-N-oxyden. Erf.: *Gustav Pieper, Martin Hoffmann* u. *Arthur Brockhaus.* Anm.: Farbenfabriken Bayer AG, 5090 Leverkusen (DB). A. 3. 7. 65, O. 5. 2. 70. Kl.: 39b4, 27/22. A.-Z.: P 1570585 (F 46516). Entspr. GBP 1079846.

SvP 323213. Vulkanisierbare Komposition aus einem gesättigten, amorphen Copolymeren aus Äthylen und Propylen oder Butylen und ein organisches Peroxid mit oder ohne Schwefel als Vulkanisiermittel. Erf.: *G. Marchesini* u. *M. Manica.* Inh.: Pirelli, S. p. A. u. Montecatini Soc. Gen. per l'Industria Mineraria e Chimica, Mailand (It). A. 25. 6. 63, B. 27. 4. 70. Int. Kl.: C 08f 29/12. A.-Z:. 6986/63. Prior.: 26. 6. 62 (It; A.-Z.: 12814). Entspr. DDP 45052.

Klasse C 08g. Polykondensations- und Polyadditionsprodukte

DOS 1570601. Verfahren zur Herstellung von stickstoffhaltigen Copolymeren des Formaldehyds. Erf.: *Klaus-Peter Peuchert, Horst Niermann, Kuno Wagner* u. *Ernst-Ulrich Köcher.* Anm.: Farbenfabriken Bayer AG, 5090 Leverkusen (DB). A. 3. 9. 65, P. 5. 2. 70. Kl.: 39b5, 1/12. A.-Z.: P 1570601 (F 47083). Entspr. SzP 484961 u. FrP 1513301.

JaP 7010951-R. Verfahren zur Stabilisierung von Oxymethylenpolymeren mit instabilen Endgruppen. Inh.: Toray Industries Inc. A. 3. 2. 6,6 B. 20. 4. 70. A.-Z.: 5855.

USP 3505291 Zus. z. Pat. m. A.-Z.: 168220. A. 23. 1. 62. Verfahren zur Herstellung von hochmolekularem Polyformaldehyd. Erf.: *Guido Galiazzo, Gerolamo Gaggia, Luigi Mortillaro* u. *Silvio Bezzi.* Inh.: Montecatini Edison S. p. A., Mailand (It). A. 26. 7. 66, B. 7. 4. 70. Kl.: 260-67, Int. Kl.: C 08g 1/20, 1/02. 7 Anspr. A.-Z.: 629034. Prior.: 8. 9. 61 u. 27. 1. 61 (It; A.-Z.: 1456/61 u. 16113). Entspr. DOS 1520246.

DOS 1520121. Verfahren zur Herstellung von gepfropften Polyesterfasern. Erf.: *Toshio Hoshino, Kunio Araki* u. *Oshiaki Takahashi.* Anm.: Japan Atomic Energy Research Institute, Tokio (Ja). A. 28. 6. 63, O. 5. 2. 70. Kl.: 39b5, 17/14. A.-Z.: P 1520121 (I 23976). Prior.: 29. 6. 62 (Ja; A.-Z.: 26747/62). Entspr. FrP 1362843 u. GBP 1054269.

DOS 1570917. Verfahren zur Regenerierung von Polyäthylenterephthalat. Erf.: *Vittorio Cappuccio* u. *Luigi Canonica.* Anm.: Montecatini Soc. Gen. per l'Industria Mineraria e Chimica, Mailand (It). A. 3. 11. 64, O. 19. 2. 70. Kl.: 39b5, 17/007. A.-Z.: P 1570917. (M 62973). Prior.: 12. 11. 63 (It; A.-Z.: 23101/63). Entspr. FrP 1413669, GBP 1064415 u. USP 3350328.

DOS 1595556. Verfahren zur Herstellung von Polyestern aus halogenierten zweiwertigen Phenolen. Erf.: *Roshdy M. Ismail.* Anm.: Dynamit Nobel AG, 5210 Troisdorf (DB). A. 21. 12. 66, O. 5. 2. 70. Kl.: 39b5, 17/003. A.-Z.: D 5595556 (D 51835). Entspr. DDP 69701, OeP 284451 u. FrP 1547346.

JaP 7011711-R. Herstellung von Polymeren aus Pivalolacton und ε-Caprolacton. Inh.: Kanegafuchi Spinning Co. Ltd. A. 25. 3. 66, B. 27. 4. 70. A.-Z.: 18831/66. Entspr. FrP 1487200 u. GBP 1151096.

USP 3505294 Zus. z. Pat. m. A.-Z.: 434129. A. 19. 2. 65. Verfahren zur Herstellung eines Copolyesters und das Produkt. Erf.: *Masao Ishii, Makoto Yamada, Takeshi Imaida* u. *Hiroshi Terada.* Inh.: Mitsubishi Rayon Co. Ltd., Tokio (Ja). A. 18. 6. 68, B. 7. 4. 70. Kl.: 260-75, Int. Kl.: C 08g 17/08. 5 Anspr. A.-Z.: 738736. Prior.: 22. 2. 64 (Ja; A.-Z.: 39/9724, JaP 19036/68). Entspr. FrP 1431150 u. GBP 1071544.

DOS 1570316. Verfahren zur Herstellung von synthetischen Elastomeren. Erf.: *Clifton Cowell Douglas* u. *Geoffrey James Tyler.* Anm.: British Nylon Spinners Ltd., Pontypool, Monmouthshire (GB). A. 22. 11. 65, O. 5. 2. 70. Kl.: 39b5, 20/02. A.-Z.: P 1570316 (B 24621). Prior.: 21. 11. 64 (GB; A.-Z.: 47477/64 u. 47478/64, A.-Z.: 47477/64 entspr. GBP 1060799). Entspr. FrP 1464160 u. USP 3485805.

GBP 1194481. Adamantanpolymere. Inh.: Yarsley Research Laboratories Ltd. A. 9. 1. 68, B. 10. 6. 70. Kl.: C 3. R, Int. Kl.: C 08g 20/20. A.-Z.: 1340/68.

GBP 1194741. Herstellung von Polyamiden. Inh.: Imperial Chemical Industries Ltd. A. 13. 11. 67, B. 10. 6. 70. Kl.: C 3. R, Int. Kl.: C 08g 20/20. A.-Z.: 51537/67. Entspr. DOS 1807151.

JaP 7012148-R. Herstellung von wasserlöslichem hitzehärtbarem Harz. Inh.: Dai Nippon Ink and Chemicals Inc. A. 24. 2. 67, B. 2. 5. 70. Kl.: A 26. A.-Z.: 11411/67.

SUP 273425. Verfahren zur Herstellung von Polycaprolactam. Erf.: *V. M. Charitonov, A. A. Dubynin* u. *L. I. Ivanova.* A. 13. 4. 67, B. 15. 3. 70. Kl.: 39c, 10. A.-Z.: 1150944/23-5.

DOS 1495442. Verfahren zur Herstellung von Polymerisationsprodukten Erf.: *Paul Janssen, Paul Riegger, Hermann Richtzenhain* u. *Wilhelm Vogt*. Anm.: Dynamit Nobel AG, 5210 Troisdorf. A. 20. 2. 63, O. 5. 2. 70. Kl.: 39b5, 23/14. A.-Z.: P 1495442 (D 40939). Entspr. FrP 1418801, GBP 1033593 u. USP 3393157.

GBP 1193435. Polyamide. Inh.: Imperial Chemical Industries Ltd. A. 13. 7. 66, B. 3. 6. 70. Kl.: C 3. R, Int. Kl.: C 08g 41/02. A.-Z.: 31412/66. Entspr. FrP 1531145.

JaP 7012234-R. Polyamid-Komposition. Inh.: Teijin Ltd. A. 24. 8. 66, B. 4. 5. 70. Kl.: A 23. A.-Z.: 55729/66. Entspr. SzP 487270, FrP 1522267 u. GBP 1166915.

Klasse D 01. Natürliche oder künstliche Fäden oder Fasern: Spinnen

Klasse D 01b. Mechanische Behandlung von natürlichen faserigen oder fadenförmigen Stoffen zur Gewinnung von Fasern oder Fäden, z. B. Verspinnen

SUP 243138 (Urheberschein). Egreniermaschine. Erf.: *A. N. Kazincev*. Inh.: Opytnokonstruktorskoe technologi českoe Bjuro rasfasovo čno-upakovo čnogo oborudovanija. A. 28. 12. 67, B. 5. 5. 69. Kl.: 29a, 1. A.-Z.: 1209934/28-12.

Klasse D 01f. Chemische Gesichtspunkte bei der Herstellung von künstlichen Fäden, Gespinsten, Fasern, Borsten oder Bändern

USP 3505087 Zus. z. Pat. m. A.-Z.: 566757. A. 21. 7. 66. Halogenierte Phosphonitrilatpolymere enthaltende feuerhemmende Viskosefaserstoffe. Erf.: *Leonard E. A. Godfrey*. Inh.: FMC Corp., Philadelphia, Pa. A. 25. 4. 69, B. 7. 4. 70. Kl.: 106-15, Int. Kl.: C 09k 3/28 u. D 01f 3/12. 9 Anspr. A.-Z.: 819483. A.-Z.: 566757 entspr. GBP 1153955.

DOS 1494613 Zus. z. Anm.: 1494612. Verfahren zur Herstellung vernetzter gummielastischer Fäden und Fasern. Erf.: *Horst Wieden, Wolfgang Rellensmann, Günther Nischk, Hans Holtschmidt* u. *Ernst Roos*. Anm.: Farbenfabriken Bayer AG, 5090 Leverkusen. A. 17. 7. 65, O. 26. 2. 70. Kl.: 29b, 3/60. A.-Z.: P 1494613 (F 46644). Entspr. FrP 1483430 u. GBP 1150634.

DOS 1494693. Spinnlösung zur Herstellung von Fäden aus Polymerisaten auf der Basis von Acrylnitril. Erf.: *James Reid Misenheimer*. Anm.: Monsanto Co., St. Louis, Mo. (US). A. 5. 8. 65, O. 19. 2. 70. Kl.: 29b, 3/65. A.-Z.: P 1494693 (M 66232). Prior.: 5. 8. 64 (US; A.-Z.: 5. 8. 64 (US; A.-Z.: 387706). Entspr. SzP 444373, FrP 1442881 u. GBP 1098634.

GBP 1191570. Verfahren zum Naßspinnen von Acrylnitrilcopolymeren. Inh.: Società Italiana Resine S. p. A. A. 3. 12. 68, B. 13. 5. 70. Kl.: B 5. B, Int. Kl.: D 01f 7/02. A.-Z.: 57390/68. Prior.: 7. 12. 67 (It; A.-Z.: 817361).

JaP 7008726-R. Hervorragende Garnqualität sowie ausgezeichnetes Kräuselvermögen aufweisender, bauschiger Polypropylenfaserstoff. Inh.: Toray Industries Inc. A. 11. 10. 65, B. 30. 3. 70. A.-Z.: 61932/65.

SvP 322862 Zus. z. Pat. 308167. Verfahren zur Herstellung von färbbaren Textilfasern nach Patentanspruch 3 im Patent 308167, wobei die basische Stickstoffverbindung aus dem Reaktionsprodukt zwischen Epichlorhydrin, einem disekundären Amin und einer halogenierten Verbindung gebildet wird. Erf.: *G. Cantatore*. Inh.: Montecatini Edison S. p. A., Mailand (It). A. 26. 7. 62, B. 20. 4. 70. Int. Kl.: D 01f 7/02. A.-Z.: 8257/62. Prior.: 27. 7. 61 (It; A.-Z.: 13894). Entspr. DDP 54062, DOS 1469110, GBP 1006581 u. USP 3475518.

DOS 1435338. Verfahren zur Herstellung von Fadengarnen. Erf.: *Chozo Nakayama, Teiichi Kaku, Hiide Aizawa* u. *Iwamoto Takeaki*. Anm.: Asahi Kasei Kogyo Kabushiki Kaisha. Osaka (Ja). A. 19. 11. 64, O. 12. 2. 70. Kl.: 29a, 6/06. A.-Z.: P 1435338 (A 47633). Prior.: 21. 11. 63. (Ja; A.-Z.: 62275/63). Entspr. GBP 1064428 u. USP 3384694.

FrP 2016102. Enzymhaltige Fäden, ihr Herstellungsverfahren und ihre Verwendung in enzymatischen Reaktionen. Erf.: *D. Dinelli* u. *F. Cognigni*. Inh.: Snam Progetti S. p. A. A. 25. 6. 69, B. 26. 6. 70. Int. Kl.: D 01f 3/00, 7/00, B 01j 11/00. A.-Z.: 6921221. Prior.: 26. 6. 68 u. 8. 5. 69 (It; A.-Z.: 18226 A/68 u. 16551 A/69). Entspr. DOS 1932426.

USP 3506753. Schmelzspinnen von Polymeren niederer Viskosität. Erf.: *Charles D. Flamand*. Inh.: Monsanto Co., St. Louis, Mo. A. 7. 4. 67, B. 14. 4. 70. Kl.: 264-176, Int. Kl.: B 28b 3/20. 6 Anspr. A.-Z.: 629236.

JaP 7010765-R. Herstellung kräuselnder Filamente aus kristallinem Polypropylen. Inh.: Asahi Chemical Industry Co. Ltd. A. 24. 7. 65, B. 18. 4. 70. A.-Z.: 44473/65. Entspr. DOS 1669364, SzP 455131, FrP 1479758 u. GBP 1123952.

Klasse D 02. Garne, mechanische Veredlung von Garnen oder Seilen, Schären oder Bäumen

Klasse D 02g. Kräuseln oder Krimpfen (Texturieren) von Fasern, Fäden, Zwirnen oder Garnen, Garne oder Zwirne

DOS 1660229. Vorrichtung und Verfahren zum Behandeln eines bewegten, aus mehreren Elementarfäden bestehenden Kunstfadens mit einem Gasstrahl. Erf.: *Giacomo Cerutti* u. *Giorgio Faraci*. Anm.: Bemberg Società per Azioni, Mailand (It). A. 8. 2. 67, O. 5. 2. 70. Kl.: 29a, 6/20. A.-Z.: P 1660229 (B 91085). Prior.: 9. 2. 66 (It; A.-Z.: 14314).

FrP 1592644. Verfahren und Vorrichtung zum Kräuseln synthetischer Fäden. Inh.: Farbenfabriken Bayer AG. A. 15. 11. 68, B. 26. 6. 70. Int. Kl.: D 02g 1/00. A.-Z.: 173948. Prior.: 16. 11. 67 (DB; A.-Z.: P 1660332).

JaP 7008733-R. Herstellung von gekräuseltem, aus Naturseide und synthetischem Faserstoff zusammengesetztem Garn. Inh.: Katakura Ind. Co. Ltd. A. 22. 7. 64, B. 30. 3. 70. A.-Z.: 41249/64.

USP 3505164. Selbstkräuselnde Bikomponentenfäden. Erf.: *George C. Oppenlander*. Inh.: Hercules Inc., Wilmington, Del. A. 23. 6. 67, B. 7. 4. 70. Kl.: 161-173, Int. Kl.: D 02g 1/00. 3 Anspr. A.-Z.: 648207. Entspr. GBP 1171274.

SvP 324032. Verfahren zur Herstellung von voluminösem Garn aus Vinylpolymeren. Erf.: *F. Denti* u. *E. Polacco*. Inh.: Chatillon S. A. Italiana per le Fibre Tessili Artificiali S. p. A., Mailand (It). A. 9. 8. 66, B. 19. 5. 70. Int. Kl.: D 02g 3/24. A.-Z.: 10738/66. Prior.: 10. 8. 65 (It; A.-Z.: 18198). Entspr. SzP 456024, FrP 1488021, GBP 1155141 u. USP 3444682.

USP 3507741. Zusammengesetzter Faden mit elastomerem Kern und und einem Mantel aus Schaum mit geschlossenen Zellen. Erf.: *Antonio Nunes Aleixo*. Inh.: E. I. du Pont de Nemours and Co., Wilmington, Del. A. 26. 4. 66, B. 21. 4. 70. Kl.: 161-175, Int. Kl.: D 02g 3/04. 11 Anspr. A.-Z.: 545481. Entspr. GBP 1159063.

Klasse D 21. Papierherstellung; Gewinnung von Cellulose bzw. Zellstoff
Klasse D 21c. Gewinnung von Cellulose durch Abscheiden nichtcellulose-artiger Substanzen von cellulosehaltigen Stoffen: Wiedergewinnung der Zellstoffablaugen; Vorrichtungen dafür

SvP 324499. Verfahren zur Herstellung von halbchemischen Massen. Erf.: *S. V. Vardheim*. Inh.: Defibrator AB, Stockholm. A. 30. 9. 66, B. 1. 6. 70. Int. Kl.: D 21c 3/02. A.-Z.: 13203/66.

SvP 324949. Durchschleuseapparat, besonders für kontinuierliche Cellulosekocher. Erf.: *B. S. E. Östberg*. Inh.: Kamyr AB; Karlstad. A. 17. 11. 65, B. 15. 6. 70. Int. Kl.: D 21c 7/06. A.-Z.: 14833/65.

DOS 1546277. Verfahren zur Bleichung von Pulpen. Erf.: *Frederic Harrison Yorston* u. *Norman Liebergott*. Anm.: Pulp and Paper Research Institute of Canada, Montreal (Ca). A. 4. 8. 65, O. 26. 2. 70. Kl.: 55c, 1. A.-Z.: P 1546277 (P 37391). Prior.: 7. 8. 64 (Ca; A.-Z.: 908947). Entspr. SvP 314286.

SvP 325771. Verfahren und Vorrichtung zum Waschen von Fasersuspensionen. Erf.: *C. A. Bergholm, P.-E. Andersson* u. *G. R. Hellerqvist*. Inh.: Svenska Cellulosa AB, Sundsvall. A. 20. 6. 67, B. 6. 7. 70. Int. Kl.: D 21c 9/02. A.-Z.: 8680/67

PHYSIK

Klasse G 01, Messen

Klasse G 01n, Prüfen von chemischen und/oder physikalischen Eigenschaften von Stoffen einschließlich Laboratoriumsgeräte

DOS 1473552. Vorrichtung zur Feststellung von Flocken an einem laufenden Faden und mit derselben ausgerüstete Streckzwirnmaschine. Erf. *Garrit Johannes Hilferink*. Anm.: N. V. Onderzoekingsinstituut Research, Arnheim (Nd). A. 30. 10. 64, O. 19. 2. 70. Kl.: 42k, 50. A.-Z.: P 1473552 (N 25749). Prior.: 1. 11. 63 (Nd; A.-Z.: 300046).

SUP 273504 (Urheberschein). Verfahren zur Bestimmung der Frostbeständigkeit von als Folien verwendeten Polymerstoffen. Erf.: *G. A. Patrikeev, V. S. Erofeev* u. *G. L. Inichov*. A. 27. 12. 66, B. 15. 3. 70. Kl.: 42k, 51. A.-Z.: 1121742/23-5.

USP 3507149 Zus. z. Pat. m. A.-Z.: 768148. A. 16. 10. 68. Probenhalter für Knittererholungsprüfvorrichtung. Erf.: *Herbert R. Copeland, George McLean* u. *Anthony R. Markezich*. Inh.: United States of America, Secretary of Agriculture. A. 4. 2. 69, B. 21. 4. 70. Kl.: 73-159, Int. Kl. G 01n 33/36. 2. Anspr. A.-Z.: 796351. A.-Z.: 768148 vgl. auch USP 3494189.

Literaturschau

Auszug aus Lieferung 1 und 2/1971 der Literaturschau „Faserstoffe und Textiltechnik", zusammengestellt von der Abteilung Wissenschaftliches Berichtswesen des Instituts für Faserstoff-Forschung der DAW, 153 Teltow-Seehof, Kantstr. 55

I. Wissenschaftliche Grundlagen

Allgemeines

Rüchardt, Ch.: Zusammenhänge zwischen Struktur und Reaktivität in der Chemie freier Radikale. Angew. Chemie **82** (1970) 21, S. 845–858.

Youngquist, G. R.: Diffusion und Strömung von Gasen in porösen Festkörpern. IEC. Ind. engng. Chem. **62** (1970) 8, S. 52–63.

Clements, L. D., Colver, C. Ph.: Wärmeübertragung durch natürliche Konvektion beim Filmsieden. IEC. Ind. engng. Chem. **62** (1970) 9, S. 26–46.

Physik und Chemie der Hochpolymeren

Gegenwärtige Probleme in der Physikochemie von Polymeren. Vestnik Akad. Nauk SSSR (Mitt. Akad. Wiss. UdSSR) (1970) 11, S. 77–78.

Vinogradov, G. V., Titkova, L. V.: Bestimmung der kritischen Konzentration von Polymeren in Lösungen auf Grund von Messungen der Viskosität und der spezifischen Oberfläche von Aerogelen nach Sublimation des Lösungsmittels. Kolloid-Z. u. Z. Polymere **239** (1970) 2, S. 655–666 (engl.).

Beevers, R. B.: Anwendung des Superpositionsprinzips auf Viskositätsveränderungen während der Assoziation in Polyacrylnitrillösungen. Polymer, London **11** (1970) 9, S. 450–453.

Ramaszeder, K.: Rheologische Untersuchungen textiler Stärkekleister. Spinnerei, Weberei, Textilveredlung **88** (1970) 11, S. 1124–1132.

Solomon, Z. G., Kudrjavcev, G. I.: Rheologische Eigenschaften der Lösungen von binären Polymergemischen. System Polysulfonamid/Polyacrylnitril. Vysokomol. Soed. (Hochmol. Verbind.) Serie **A 12** (1970) 11, S. 2582 bis 2587.

Chang, D. H.: Über die rheologische Interpretation der Verdickung von Polymerschmelzfäden am Formwerkzeug. J. appl. Polymer Sci. **14** (1970) 7, S. 1775–1780.

Belen'kij, B. G., Gankina, É. S.: Hochempfindliche Schnellmethode zur Bestimmung der Verteilung der relativen Molekülmassen von Polymeren mit Hilfe der Dünnschicht-Adsorptionschromatographie. Dokl. Akad. Nauk SSSR (Ber. Akad. Wiss. UdSSR) **194** (1970) 3, S. 573–576.

Fomina, L. L., Ginodman, R. A., Pavlov, A. S.: Über die Veränderung der Verteilung der relativen Molekülmassen während einer thermischen Alterung von Poly-ε-caproamid. Plast. Massy, Moskva (Plast.Massen) (1970) 10, S. 45–46.

Baier, R. E., Zisman, W. A.: Benetzbarkeit und IR-Spektroskopie mit mehrfach abgeschwächter inneren Reflexion bei aus Lösung gegossenen dünnen Polyamidfilmen. Macromolecules, Washington **3** (1970) 4, S. 462 – 568.

Lechner, M., Schulz, G. V.: Lichtstreuung von hochmolekularen Lösungen in Abhängigkeit von Temperatur und Druck. European Polymer J. **6** (1970) 7, S. 945 – 957 (dt.).

Heyl, G., Holm, R.: Erweiterte Möglichkeiten des Rasterelektronenmikroskops. Bayer-Farben-Rev., Leverkusen (1970) 19, S. 48 – 58.

Blundell, D. J.: Eindimensionale Modelle für die Röntgenkleinwinkelstreuung bei kristallinen Polymeren. I. Allgemeines Modell. II. Modelle mit kontinuierlicher Dichteveränderung zwischen den Phasen. Acta crystallogr., A: Crystal Physics, Diffraction, theor. general Crystallogr., Copenhagen **26** (1970) 5, S. 472 – 476; 476 – 483.

Masamoto, J., Kobayashi, H.: Untersuchungen an Polyamid-3-Faserstoffen. X. Kristallstruktur von gereckten Polyamid-3-Faserstoffen. Kobunshi Kagaku, Tokyo (Chem. High Polymers) **27** (1970) 300, S. 220 – 224 (jap.; engl. Zusammenfass.).

Kul'man, R. A.: Relaxationseffekte der Oberflächenspannung nach zweidimensionalem Zusammendrücken der Adsorptionsschichten von Makromolekülen. Dokl. Akad. Nauk SSSR (Ber. Akad. Wiss.) **194** (1970) 5, S. 1119 – 1122.

Andrianova, G. P., Nguen Vin'Čij, Kargin, V. A.: Thixotropieeffekte bei der Verformung von kristallinen Polymeren. Dokl. Akad. Nauk SSSR (Ber. Akad. Wiss. UdSSR) **194** (1970) 2, S. 345 – 348.

Aslanova, M. S., Postnikov, V. S., Balašov, Ju. S., Ivanov, N. V.: Relaxationserscheinungen und Struktur von dünnen Glasfäden. Dokl. Akad. Nauk SSSR (Ber. Akad. Wiss. UdSSR) **194** (1970) 3, S. 560 – 562.

Lenk, R. S.: Eigenschaften von Polyäthylen vor und nach der Kaltreckung. Die Zugviskosität an der Proportionalitätsgrenze bei ungerecktem Polyäthylen und die Beziehung zwischen momentaner elastischer Erholung und Kristallinität. Kolloid-Z. u. Z. Polymere **239** (1970) 1, S. 569 – 574 (engl.).

Ant-Wuorinen, O., Visapää, A.: Heterogene Säurehydrolyse der Cellulose. Teil IV. Beziehungen zwischen Hydrolysegeschwindigkeit, Hydrolysebedingungen und Ordnungszustand der Cellulose. Paperi ja Puu, Helsinki (Papier u. Holz) **52** (1970) 11, S. 765 – 779.

Tadokoro, H., Chatani, Y., Kusanagi, H., Yokoyama, M.: Struktur von isotaktischem Polymethylmethacrylat. Macromolecules, Washington **3** (1970) 4, S. 441 – 447.

Platé, N. A.: Konfigurationseffekte bei den Reaktionen von Makromolekülen. Vestnik Akad. Nauk SSSR (Mitt. Akad. Wiss. UdSSR) (1970) 11, S. 86 – 89.

Okabe, T., Miyasaka, K., Ishikawa, K.: Durch einachsiges Recken herbeigeführte planare Orientierung der Kristallite in Polyamid-6-Filmen. Kobunshi Kagaku, Tokyo (Chem. High Polymers) **27** (1970) 302, S. 350 – 355 (jap.; engl. Zusammenfass.).

Tsuda, K., Nishida, K., Watanabe, H., Hirata, T.: Farbstoffaggregation oder Kristalle innerhalb der Hohlstellen von Viskosefilmen. Kolloid-Z. u. Z. Polymere **240** (1970) 1/2, S. 827 – 830 (engl.).

Hayakawa, T., Kondo, Y., Yamamoto, S., Noguchi, J.: Molekülstruktur von Seidenproteinen. II. Synthese und Konformation von Modellverbindungen für den kristallinen Teil des Seidenfibroins (Bombyx mori). Kobunshi Kagaku, Tokyo (Chem. High Polymers) **27** (1970) 300, S. 229 – 241 (jap.; engl. Zusammenfass.) (IFF).

Sadler, D. M., Keller, A.: Polyäthylenkristalle mit verzerrten Netzwerken. Ihre ursprüngliche Struktur und Beziehung zur Kristallisation des Polymeren. Teil I. Kolloid-Z. u. Z. Polymere **239** (1970) 2, S. 641 – 654 (engl.).

Godovskij, Ju. K., Slonimskij, G. L., Papkov, V. S., Dikareva, T. A.: Untersuchung von bei elastischer Deformation einachsig orientierter kristalliner Polymerer auftretenden energetischen Effekten. Mech. Polimerov, Riga (Mech. der Polymeren) **6** (1970) 5, S. 785 – 798.

Gisolf, J. H., Juijn, J. A.: Die Kinkisomeren des Polyvinylchlorids. Kolloid-Z. u. Z. Polymere **239** (1970) 1, S. 545 – 552.

Kozlov, P. V.: Einfluß geringer Zusätze auf physikomechanische Eigenschaften von Polymeren. Vestnik Akad. Nauk SSSR (Mitt. Akad. Wiss. UdSSR) (1970) 11, S. 95 – 98.

Chung, C., Sauer, J. A.: Mechanische Tieftemperaturrelaxation bei Poly-p-xylylenen. Polymer, London **11** (1970) 9, S. 454 – 461.

Bartenev, G. M., Vališin, A. A., Perov, B. V., Osikina, E. S.: Zur Theorie des biaxialen Reckens von amorphen Polymeren. Mech. Polimerov, Riga (Mech. der Polymeren) **6** (1970) 5, S. 771 – 779.

Kireenko, O. F., Leksovskij, A. M., Regel', V. R., Tomaševskij, E. E.: Fraktographie und Zerstörungskinetik von Polymeren. 1. Über den Zusammenhang des Reliefs der Bruchfläche mit der Wachstumskinetik von Magistralrissen. Mech. Polimerov, Riga (Mech. der Polymeren) **6** (1970) 5, S. 842 – 857.

Hurduc, N., Schneider, I. A., Simionescu, Cr.: Untersuchungen auf dem Gebiet des thermischen Abbaues von Cellulosen. III. Kinetische Untersuchung des thermischen Abbaues von gepfropften Cellulosen mit Hilfe von Reaktivfarbstoffen. Cellulose Chem. Technology, Jassy/Rum. **4** (1970) 2, S. 195 – 207 (engl.).

Ghanem, N. A., El-Azmirly, M. A., Aly, M. I.: Wirkung von γ-Strahlung auf Polymere. II. Polyäthylentetrachlor-o-phthalat in Dioxanlösungen. European Polymer J. **6** (1970) 7, S. 1005 – 1013.

Sauer, J. A., Mears, D. R., Pae, K. D.: Einfluß des hydrostatischen Druckes auf das mechanische Verhalten von Polytetrafluoräthylen und Polycarbonat. European Polymer J. **6** (1970) 7, S. 1015 – 1032.

Urushizaki, M., Aida, H., Matsui, Sh.: Thermischer Abbau von Poly(N-phenylmaleimid). Kobunshi Kagaku, Tokyo (Chem. High Polymers) **27** (1970) 303, S. 474 – 480 (jap., engl. Zusammenfass.)

Mirošničenko, V. F., Semenjuk, N. I.: Thermodynamische Grundlagen der Beeinflussung der Eigenschaften von Polymerschmelzen durch elektromagnetische Felder. Plast. Massy, Moskva (Plast. Massen) (1970) 10, S. 35 – 36.

Mansoori, G. A., Canfield, F. B.: Störungs- und Änderungsnäherungen zur Gleichgewichtsthermodynamik von Gasen, Flüssigkeiten und Phasenübergängen. IEC. Ind. engng. Chem. **62** (1970) 8, S. 12 – 29.

Rogers, M. G.: Einige Untersuchungen des Ausfließverhaltens von Polyäthylen. J. appl. Polymer Sci. **14** (1970) 7, S. 1679 – 1689.

Levin, P. I., Michajlov, V. V.: Wirkungsmechanismus von Antioxydantien und Synergismus ihrer Mischungen. Usp. Chimii (Fortschr. d. Chemie) **39** (1970) 9, S. 1687 – 1706.

Ash, R., Barrer, R. M., Palmer, D. G.: Löslichkeit und Transport von Gasen in Polyamid und Polyäthylen. Polymer, London **11** (1970) 8, S. 421 – 435.

Die Zahl der Hochtemperaturpolymeren nimmt zu. Chem. engng. News **48** (1970) 41, S. 53.

Aida, H., Kimura, M.: Die Einfriertemperaturen von Maleinsäureanhydridcopolymeren. Kobunshi Kagaku, Tokyo (Chem. High Polymers) **27** (1970) 300, S. 276 – 283 (jap.; engl. Zusammenfass.).

Knappe, W., Yamamoto, O.: Einfluß der Vernetzung und des Kettenabbaues auf die Wärmeleitfähigkeit von Polymeren. Kolloid-Z. u. Z. Polymere **240** (1970) 1/2, S. 775 – 783 (engl.).

Kamogawa, H.: Photochemisch ausgelöste Vernetzung von Vinylpolymeren mit N-Hydroxymethylacrylamid als Komponente. Kogyo Gijutsuin Sen'i Kogyo Shikencho Kenkyo Hokoku, Yokohama (Bull. Textile Res. Inst. jap. Government) (1969) 89 (11), S. 5 – 6 (jap.; engl. Zusammenfass.).

Gömöry, I.: Bildung inhibierender aktiver Produkte aus phenolischen und Amino-Antioxydantien während der Induktionsperiode der Oxydation von Polymeren. European Polymer J. **6** (1970) 7, S. 1047 – 1051.

MacCallum, J. R., Tanner, J., Richards, D. H.: Eine thermogravimetrische Untersuchung von Kohlenwasserstoffcopolykondensaten. European Polymer J. **6** (1970) 7, S. 1041 – 1046.

Pjatakina, N. K., Maiseev, Ju. V., Zaikov, G. E.: Abbaukinetik von Cellulosetriacetat in Schwefelsäurelösungen in binären und ternären Gemischen organischer Lösungsmittel. Dokl. Akad. Nauk SSSR (Ber. Akad. Wiss. UdSSR) **194** (1970) 2, S. 373 – 376.

Dunn, P., Ennis, B. C.: Thermische Analyse von Polyacrylnitril. Teil I. Das Schmelzen von Polyacrylnitril. J. appl. Polymer. Sci. **14** (1970) 7, S. 1795 – 1798.

Nikolaeva, N. A., Belen'kij, B. G., Gluchov, N. A., Žuravlev, Ju. V., Sazanov, Ju. N.: Kombinierte chromato- und massenspektrographische Vorrichtung für die Untersuchung des thermischen Abbaues von Polymeren. Untersuchung der Pyrolyse von Polyestern des α,α-Dimethyl-β-propiolactons. Vysokomol. Soed. (Hochmol. Verbind.) Serie A **12** (1970) 11, S. 2625 – 2629.

Palma, G., Carenza, M.: Abbau von Polyvinylchlorid. I. Kinetik der thermischen und strahlungsinduzierten Dehydrochlorierungsreaktionen bei tiefen Temperaturen. J. appl. Polymer Sci. **14** (1970) 7, S. 1737 – 1754.

Cherdron, H.: Aufbau und Eigenschaften polymerer Mehrphasensysteme. Lenzinger Ber., Lenzing/Österr. (1970) 30, S. 44 – 51.

Physik und Chemie der Monomeren und Oligomeren

Funk, E. W., Prausnitz, J. M.: Thermodynamische Eigenschaften von flüssigen Mischungen: Systeme aus aromatischen und gesättigten Kohlenwasserstoffen. IEC. Ind. engng. Chem. **62** (1970) 9, S. 8 – 15.

Zahn, H., Repin, J. F.: Synthese einer homologen Reihe von cyclischen Äthylenterephthalaten. Chem. Ber. **103** (1970) 10, S. 3041 – 3049. 51. Mitt. über Oligomere und Pleionomere.

Verbesserung des Weges zu einem Caprolactamzwischenprodukt durch Optimierung. Chem. engng. News **48** (1970) 41, S. 51.

Polymerisation

Dixit, S. S., Deshpande, A. B., Kapur, S. L.: Polymerisation von polarem Monomerem durch ein $VCl_4/Al(C_2H_5)_3$-Katalysatorsystem in polarem Medium. J. Polymer Sci., B: Polymer Letters **8** (1970) 3, S. 211 – 213.

Kaeriyama, K.: Pfropfcopolymerisation auf Cellulose in Dimethylsulfoxid mittels eines Laurylsulfat-Ionen enthaltenden Cersalzes. Kogyo Gijutsuin Sen'i Kogyo Shikencho Kenkyo Hokoku, Yokohama (Bull. Textile Res. Inst. jap. Government) (1969) 89 (11), S. 1 – 4 (jap.; engl. Zusammenfass.).

Turska, E., Wróbel, A. M.: Kinetik der Polykondensation von 4,4-Dihydroxy-diphenyl-2,2-propan mit Diphenylcarbonat in der Schmelze. Polymer, London **11** (1970) 8, S. 415 – 420.

Kolesnikov, G. S., Smirnova, O. V., Ananiašvili, V. O.: Synthese und Untersuchung der Verseifungsprodukte von chlorierten Polycarbonaten. Vysokomol. Soed. (Hochmol. Verbind.) Serie B: Kratkie Soobšč. (Kurzmitt.) **12** (1970) 11, S. 830 – 833.

Lipatnikov, N. A., Pavlov, V. I., Gricenko, T. M., Popov, I. A.: Über die Veränderung einiger Eigenschaften von linearen Copolyurethanen im Zusammenhang mit den Besonderheiten ihrer Synthese. Vysokomol. Soed. (Hochmol. Verbind.) Serie B: Kratkie Soobšč. (Kurzmitt.) **12** (1970) 11, S. 824 – 826.

Černobaj, A. V., Zeličenko, Ž. Ch.: Hammet-Gleichung und Polymerisationskonstanten von Vinylmonomeren. Vysokomol. Soed. (Hochmol. Verbind.) Serie B: Kratkie Soobšč. (Kurzmitt.) **12** (1970) 11, S. 833 – 838.

Zajcev, Ju. S., Enal'ev, V. D., Juržcnko, A. I.: Untersuchung der mit verschiedenen Peroxidverbindungen initiierten Copolymerisation von Vinylmonomeren. Vysokomol. Soed. (Hochmol. Verbind.) Serie A **12** (1970) 11, S. 2500 – 2507.

Imanishi, Y., Imamura, H., Higashimura, T.: Kationische Copolymerisationen von 2-Methyl-2-butylen mit Isobutylen und Styrol. Kobunshi Kagaku, Tokyo (Chem. High Polymers) **27** (1970) 300, S. 242 – 250 (jap.; engl. Zusammenfass.).

Kamogawa, H., Furuya, S., Kato, M.: Herstellung von löslichen Allylmethacrylatpolymeren und Reaktionsfähigkeit der restlichen Allylgruppen. Kogyo Gijutsuin Sen'i Kogyo Shikencho Kenkyo Hokoku, Yokohama (Bull. Textile Res. Inst. jap. Government) (1969) 89 (11), S. 11 – 16 (jap.; engl. Zusammenfass.).

Kamogawa, H.: Untersuchungen an reaktionsfähigen Polymeren. Teil 6. Polymerisationsverhalten von N-(p-vinyl)-phenylacrylamid. Kogyo Gijutsuin Sen'i Kogyo Shikencho Kenkyo Hokoku Yokohama (Bull. Textile Res. Inst. jap. Government) (1969) 11 (89), S. 17 – 23 (jap., engl. Zusammenfass.).

Gaylord, N. G., Antropiusova, H.: Donator/Akzeptor-Komplexe bei der Copolymerisation. VII. Konkurrenzreaktionen bei der Styrol/Acrylnitril-Copolymerisation in Gegenwart von Zinkchlorid. J. Polymer Sci., B: Polymer Letters **8** (1970) 3, S. 183 – 190.

Bouchal, K., Hrabak, F.: Polymerisation von N-acetyl-N-methyl-p-aminostyrol und die Reaktion von Poly-p-methylaminostyrol mit Peroxiden. Coll. czechoslov. chem. Commun. **35** (1970) 11, S. 3393 – 3401.

Stavrova, S. D., Čichačeva, I. P., Nepogodina, O. I., Misina, V. P., Medvedev, S. S.: Über einige Besonderheiten der mit Komplexverbindungen tertiärer aromatischer Amine mit Elektronenakzeptoren initiierten Polymerisaten. Dokl. Akad. Nauk SSSR (Ber. Akad. Wiss. UdSSR) **194** (1970) 5, S. 1135 – 1137.

Yoda, N., Dokoshi, N., Kurihara, M., Asahara, T.: Synthese von thermisch beständigen Polymeren durch Cyclopolykondensations- und Polyadditionsreaktionen. Kobunshi Kagaku, Tokyo (Chem. High Polymers) **27** (1970) 303, S. 433 – 450 (jap.; engl. Zusammenfass.).

Sonderfragen

Koch, H.-J.: Konstitution und Eigenschaften von Polyurethanen für die Textilbeschichtung. Melliand Textilber. internat. **51** (1970) 11, S. 1313 bis 1317.

Pierce, A. G., Boudreaux, E. A., Reid, J. D.: Misch-Katalysatoren für cellulosevernetzende Reaktionen. Amer. Dyestuff Rep. **59** (1970) 5, S. 50.

Schwen, G., Knerr, G.: Über die Adsorption von Ruß an ionogene Tenside. Melliand Textilber. internat. **51** (1970) 11, S. 1330–1332.

II. Faserstoffe. Ausgangsstoffe usw.

Naturfaserstoffe

Simionescu, Cr., Corlateanu, E.: Studie über neues Cellulosefasermaterial – Die Asclépiasfaser. Ind. textilă, Bucureşti **21** (1970) 11, S. 693–698.

Pflanzliche Faserstoffe

Gafurov, T. G., Pilosov, M. Ja., Adylov, A., Mannanova, D., Suvorova, E. V., Tašpulatov, Ju. T., Nikonovič, G. V., Usmanov, Ch. U.: Untersuchung der Umsetzung von Cellulose mit Hexamethylendiisocyanat. Vysokomol. Soed. (Hochmol. Verbind.) Serie A **12** (1970) 11, S. 2515 bis 2519.

Skorynina, I. S., Gusev, S. S., Vorob'eva, N. K., Ermolenko, I. N.: Phosphorylierung der Cellulose mit Polyphosphorsäuren. Vysokomol. Soed. (Hochmol. Verbind.) Serie A **12** (1970) 11, S. 2452–2456.

Berni, R. J., Soignet, D. M., Benerito, R. R.: Anionenaustauschende Baumwollen, hergestellt aus Natrium-Cellulosat. Textile Res. J. **40** (1970) 11, S. 999–1006.

Tierische Faserstoffe

Happich, W. F., Taylor, M. M., Feairheller, St. H.: Zusammensetzung der Aminosäuren in Wolle, die mit Glutaraldehyd stabilisiert wurde. Textile Res. J. **40** (1970) 8, S. 768–769.

Shiozaki, H., Tanaka, Y.: Durch Salze katalysierte Reaktionen von Phenylglycidyläther mit Seidenfibroin. Kogyo Gijutsuin Sen'i Kogyo Shikencho Kenkyo Hokoku, Yokohama (Bull. Textile Res. Inst. jap. Government) (1969) 89 (11), S. 25–37 (jap.; engl. Zusammenfass.).

Chemiefaserstoffe

Chemiefasern in der Textilindustrie der Bundesrepublik Deutschland. Bekleid. u. Wäsche **22** (1970) 21, S. 1592, 1594, 1599.

Cellulose und Zellstoff

Tocan, M., Popa, V., Cretu, L.: Ultrastruktur von Pappelholz aus der Sozialistischen Republik Rumänien. Celuloză şi Hirtie, Bucureşti (Cellulose u. Papier) **19** (1970) 10, S. 347–353.

Ingruber, O.: Alkalische Sulfitaufschlüsse. Papier **24** (1970) 10 A, S. 711 bis 727.

Borlew, P. B., Miller, R. L.: Schnitzeldicke: Eine kritische Dimension in Kraft-Zellstoffen. Tappi, New York **53** (1970) 11, S. 2107–2111.

Peskova, A. V.: Zur chemischen Natur der Substanzen der Mittellamelle. Bumaž. Prom. (Papier-Ind.) (1970) 11, S. 5–7.

Stopka, F., Bittnarovský, J.: Einfluß der neutralisierenden Mittel auf den Endgehalt von reduzierenden Stoffen in der Sulfitablauge. Papír a Celulóza, Praha **25** (1970) 11, S. 321–324.

Smith, W. E.: Bestimmung der Bindung zwischen Fasern mittels der elektrischen Leitfähigkeit. I. Natur der Gleichstromleitfähigkeit von Fasernetzwerken. Tappi, New York **53** (1970) 10, S. 1944–1947.

Synthetische Faserstoffe

Balk, H.: Fibrillieren – Ein neues Verfahren zur Herstellung von Synthesefasern. Kunststoff-Berater **15** (1970) 11, S. 1090–1096.

Quynn, R. G.: Faserstoffe aus Polyhexamethylenterephthalamid. Teil I. Feinstruktur. Textile Res. J. **40** (1970) 8, S. 677–682.

Greer, R., Hearle, J. W. S.: Aufspaltung durch Verschlingung bei Polyäthylen. Polymer, London **11** (1970) 8, S. 441–442.

Dinkel, A.: Einsatzmöglichkeiten der Wacker MP-Faser. Textilindustrie Mönchengladbach **72** (1970) 11, S. 840.

Forschung bringt Polyäthylen in neue Formen. Chem. engng. News **48** (1970) 41, S. 38.

Požlep, A., Smiljanski, S., Mitrovic, Z., Cekovic, R.: Einige Besonderheiten und Verarbeitbarkeit einheimischer Buchenzellstoffe bei der Herstellung von HMW-Fasern. Hemijska Vlakna, Loznica/Jugoslaw. (Chem. Fasern) **10** (1970) 1, S. 3–7.

Künstliche mineralische Faserstoffe

Glasfaserstoffe bieten sich für Radialreifen an. Chem. engng. News **48** (1970) 43, S. 19–20.

Metallfaserstoffe. Bull. Inst. Textile France **24** (1970) 150, S. 825–833.

Graphitfaserstoffe sind für sehr viele Produzenten attraktiv. Chem. engng. News **48** (1970) 44, S. 38–40.

Andrew, W.: Kohlefasern, das neueste Verstärkungsmaterial. Spinner, Weber, Textilveredlung **88** (1970) 11, S. 1107–1110.

III. Fäden-Herstellungstechnologien

Spinnerei. Zwirnerei

Spinnereivorbereitung

Wegener, W., Bechlenberg, H.: Technologische Untersuchungen an der WBZ-Regulierstrecke. Textilindustrie, Mönchengladbach **72** (1970) 11, S. 841–847.

Deli, S., Delplanque, G., Koussens, B.: Industrielles Verhalten von Wolle vom Mazamet-Typ (Schweißwolle) im Vergleich zu Schurwolle. Wäscherei und Kämmerei. Bull. Inst. Textile France **24** (1970) 150, S. 783–800.

Spinnerei

Lennox-Kerr, P.: CSIRO bringt Self-Twist heraus. Textile Ind. **134** (1970) 6, S. 135–137, 139, 147.

Schwab, R.: Die Fadenspannung im Ringspinnprozeß. Melliand Textilber. internat. **51** (1970) 11, S. 1256–1262.

Zwirnerei

Hearle, J. W. S., Goswami, B. C.: Die Wanderung der Fasern im Garn. Teil VIII. Experimentelle Untersuchung an einer 3-lagigen Struktur aus 19 Monofilen. Textile Res. J. **40** (1970) 7, S. 598–607.

Ames, W. F.: Wellen in Autoreifen. Teil I: Literaturübersicht über fortschreitende Wellen. Teil II: Analyse fortschreitender Wellen. Textile Res. J. **40** (1970) 6, S. 498–503; S. 504–507.

Erzeugnisse der Spinnerei und Zwirnerei

VEB Strumpfkombinat Esda, Thalheim/Erzgeb., Wiesenstr.: Entwicklungsarbeiten zur Herstellung und Verarbeitung von Mischgespinst aus Modalfaser/Baumwolle anstelle 100% Baumwolle für Herrenstrümpfe. F.-Ber.: 31. 8. 1970, 34 S. Plan-Nr. B 071603/9–046.

Knappe, P.: Aufbau und Eigenschaften von Handstrickgarnen aus Polyester und Polyester-Mischungen. Textilindustrie, Mönchengladbach **72** (1970) 11, S. 848–852.

Ankudowicz, W.: Herstellung von Teppichgarnen. Technik włókienn. (Textiltechn.) **19** (1970) 8, S. 227–232.

Eisenbruk, L.: Neue Art des Zwirnens „Self-twist-yarn". Textil, Praha **25** (1970) 11, S. 367–368, 374.

Texturfäden

Stöhr, H.: Entwicklungstendenzen der Texturierung. Lenzinger Ber., Lenzing/Österr. (1970) 30, S. 52–60.

Jehle, D.: Falschdraht-Texturierung von Polyester: Vergleich des Tandemmit dem Autoklav-Verfahren. Textilindustrie, Mönchengladbach **72** (1970) 11, S. 852–858.

Bartoš, K.: Maschinen für das Texturieren von Syntheseseiden nach dem Falschdrahtverfahren und Methoden der Drahtverteilung. Inform. Přehled. Výzkumný Úst. Pletařsky, Brno (Inform.-Übers. Wirkerei-Inst.) (1970) 2/3, S. 23–52.

Kroh, D.: Zwirnen von texturiertem Endlos-Nylon für Tufting- und Webteppiche. Melliand Textilber. internat. **51** (1970) 11, S. 1266–1270.

IV. Flächengebilde-Herstellungstechnologien

Vinson, C. G.: Textilien mit bestimmten Funktionen im Eisenbahnbetrieb. Textile Inst. Ind. **8** (1970) 2, S. 39–42.

Materialvorbereitung

Karezo, V. D.: Dichteverteilung in einer zylindrischen Kreuzspule. Izv. vysšich uč. Zav. Technol. tekstil. Prom. (Hochschulnachr. Technol. Textil-Ind.) (1970) 3, S. 76–81.

Ostfeld, M., Weinisch, Ch.: Produktivität und Rentabilität in der Automatenspulerei. Spinner, Weber, Textilveredlung **88** (1970) 11, S. 1119–1124.

Datta, R., Basu, S. N.: Biologischer Abbau von Tamarind-Kern-Paste als Schlichtemittel für Jute-Webketten. Textile Res. J. **40** (1970) 8 S. 728–732.

Njubikova, K. G., Gordeev, V. A.: Experimentelle Untersuchung der Änderung der Anschlagkraft beim Herstellen von Geweben in verschiedenen Bindungen. Izv. vysšich uč. Zav. Technol. tekstil. Prom. (Hochschulnachr. Technol. Textil-Ind.) (1970) 3, S. 74–76.

Weberei

Pawlak, E.: Der Webmeister gestern, heute und morgen. Technik włókienn. (Textiltechn.) **19** (1970) 8, S. 237–241.

Vertragsqualitäten treten auf Teppichausstellung besonders hervor. Internat. Dyer, Textile Printer, Bleacher, Finisher **144** (1970) 6, S. 365.

Erzeugnisse der Weberei

Großlaub, K.: Einteilung der Gewebe. Dt. Textiltechnik **20** (1970) 12, S. 751–754.

Burnett, R.: Ein kurzer Halbjahresbericht über Änderungen und Trends bei Teppichen. Mod. Textiles Mag. **51** (1970) 8, S. 31–32.

Winterbau mit Planen aus Folienbändchen. Kunststoff-Berater **15** (1970) 11, S. 1097–1098.

Wirkerei- und Strickerei-Technologie

Weber, K.-P.: Die Kettenwirkerei. Technologische und bindungstechnische Grundlagen sowie Mustereinrichtungen. Melliand Textilber. internat. **51** (1970) 11, S. 1293–1296.

Sebille, J., Stievenart, J.-P.: Dreidimensionales Stricken auf doppelfonturiger Flachstrickmaschine. Off. Ind. Maille (1970) 58, S. 63–67.

Shanahan, W. J., Postle, R.: Eine theoretische Analyse ebener Wirkstrukturen. Textile Res. J. **40** (1970) 7, S. 656–665.

Adam, H., Stoll, H.: Die Entwicklung der Flachstrickmaschine in den nächsten 10 Jahren. Off. Ind. Maille (1970) 59, S. 22–23.

Erzeugnisse der Wirkerei und Strickerei

Gay, D. W.: Die Maschenware im nächsten Jahrzehnt. Off. Ind. Maille (1970) 59, S. 41–43.

Khan, R. A., Hersh, S. P., Grady, P. L.: Die Nachahmung der Wirkungen zwischen Nadel und Stoff. Textile Res. J. **40** (1970) 6, S. 489–498.

Mecheels, J.: Kleidung aus Chemiefasern für heiße Klimabedingungen. Textilindustrie, Mönchengladbach **72** (1970) 11, S. 859–866.

Seidel, L. E.: Kurzlehrgang auf dem Gebiete der Doppelgestricke. Textile Ind. **134** (1970) 2, S. 96–98.

Konfektion

Arbeitskleidung. Textile Manuf. **96** (1970) 1146, S. 249.

Faktoren bei modernen Hemden-Herstellungsverfahren. Textile Manuf. **96** (1970) 1146, S. 247–248.

Textilverbundstoffe

Das Nähwirken muß sich bewähren. Textile Ind. **134** (1970) 2, S. 75, 77.

Faserverbundstoffe. Vliesstoffe

Hubbell, D. O., Whitwell, J. C.: Untersuchungen an Vliesstoffen. Teil II: Die Mechanik leicht verbundener Vliesstoffe. Textile Res. J. **40** (1970) 6, S. 521–529.

Papier oder Textil. VDI-Nachr. **24** (1970) 50, S. 5.

V. Textilveredlung

Brunnschweiler, E.: Textilveredlung aus organischen Lösungsmitteln. Textilveredlung, Weinfelden/Schweiz **5** (1970) 10, S. 757–771.

Bainbridge, J. M., Burgess, A., Milnes, G.: Die Kosten der Vielfältigkeit in der Textilveredlung. J. Soc. Dyers Colourists **86** (1970) 8, S. 345–352.

Baumgarte, U.: Aktuelle Reduktionsmittelfragen bei den wichtigsten Verfahren der Küpenfärberei. Melliand Textilber. internat. **51** (1970) 11, S. 1332–1341.

Farbstoffe. Textilhilfsmittel

Wesolowski, St., Olejniczak, St.: Optische Aufheller. Technik włokienn. (Textiltechn.) **19** (1970) 8, S. 250–251.
König, H.: Untersuchungen an Tensiden mit Hilfe der Kernresonanzspektroskopie. Fresenius' Z. analyt. Chemie **251** (1970) 4, S. 225–262.
Muravljanskaja, T. B., Ustenko, L. N., Ignatova, G. N., Maškova, V. V., Griško, N. I.: Vergleichende Charakteristik von Weichmachern. Plast. Massy, Moskva (Plast. Massen) (1970) 10, S. 18–20.

Bleicherei. Sonstige Vorbehandlungsarbeiten der Textilveredlung

Rowe, M. H.: Die Bleicherei heute: ein Bericht zur Lage. Amer. Dyestuff Rep. **59** (1970) 5, S. 22–24.
Bielen, R.: Untersuchung des Säurebottichs während der Carbonisierung. Ann. sci. textiles belges (1970) 3, S. 7–28 (franz.).

Färberei

Okoniewski, M.: Färben von Textilerzeugnissen in organischen Lösungsmitteln nach dem periodischen Verfahren. Technik włókienn. (Textiltechn.) **19** (1970) 8, S. 246–249.
Gibson, J. D. M., Lewis, D. M., Seltzer, I.: Klotz-Verweil-Färberei von Wollgeweben; Entwicklung eines industriellen Verfahrens. J. Soc. Dyers Colourists **86** (1970) 8, S. 352–354.
Porter, J. J., Perkins, W. S., Limb, Y.: Die Thermodynamik der Sorption von drei Direktfarbstoff-Mischungen an Cellulose. Textile Res. J. **40** (1970) 8, S. 704–711.
Schlüter, H., Hirning, H.: Färben von PES/Cellulosefaser-Mischgeweben nach dem Thermosolverfahren. Textil-Praxis **25** (1970) 11, S. 682–689.
Thurner, K.: Untersuchungen zum Färben von Polyesterfasermaterial. Teil I: Färben mit Carrier. Textilindustrie, Mönchengladbach **72** (1970) 11, S. 872–877.
Elzer, P.: Möglichkeiten zum Färben von Polyesterfaser/Cellulosefaser-Mischtextilien mit Resolin- und Levafix-Farbstoffen. Bayer-Farben-Rev., Leverkusen (1970) 19, S. 20–39.
Langmann, W., Kuth, R.: Färben von Polyester-Materialien aus organischen Lösungsmitteln. Bayer-Farben-Rev., Leverkusen (1970) 19, S. 3–12.

Druckerei

Muhlberg, L. H.: Textildruckerei. Ein Bericht über den jetzigen Stand. Amer. Dyestuff Rep. **59** (1970) 5, S. 15–17.
Bedruckte Bondings. Internat. Dyer, Textile Printer, Bleacher, Finisher **144** (1970) 4, S. 232–233.

Ausrüstung. Trocknung

Kontinuierliche Entwässerung von Strickstoffmeterwaren durch Absaugen. Wirk.- u. Strick.-Technik **20** (1970) 11, S. 703–704.
Riggert, K.: Kontinuierliches Heißfixieren von Polyesterseide. Mod. Textiles Mag. **51** (1970) 9, S. 20–22, 24, 25.
Rogovin, Z. A.: (Schreibw. i. Orig.: *Rogowin, S. A.*) Neue Erfolge auf dem Gebiet der chemischen Modifizierung von Zellulose. Lenzinger Ber., Lenzing/Österr. (1970) 30, S. 16–23.
Bissitt, I. S., Brookes, C., Cawthray, T. G., Medley, J. A.: Automatisierung und einige künftige Richtungen der Wollausrüstung. Textile Inst. Ind. **8** (1970) 2, S. 34–38.
Rutley, R. O.: Schrumpffestausrüstung von Wollmaterial mit Polyurethan. J. Soc. Dyers Colourists **86** (1970) 8, S. 337–345.
Gallagher, D. M.: Pfropfpolymerisation von Vinyl- und Acrylmonomeren in phosphorylierten Baumwollgeweben. Textile Res. J. **40** (1970) 7, S. 621–628.
Needles, H. L.: Das Pfropfen von Proteinen auf Wolle unter Verwendung von Diepoxiden als Vernetzungsmittel. Textile Res. J. **40** (1970) 9, S. 771–775.
Rowland, St. P., Brannan, M. A. F.: Erzeugen und Entfernen von dauerhaften Falten in knitterfesten Baumwollgeweben. Textile Res. J. **40** (1970) 7, S. 607–613.
Roberts, E. J., Brannan, M. A. F., Rowland, S. P.: Eine sondierende Charakterisierung von Baumwollcellulose, die mit Tris(2-chloräthyl)Phosphoramid modifiziert ist. Textile Res. J. **40** (1970) 8, S. 699–703.

Wäscherei. Chemische Reinigung

Ianoglu, M.: Analytische Studie von chemischen Wäscheverfahren. Ind. textilă, Bucureşti **21** (1970) 11, S. 720–723.
Morris, M. A.: Das Waschen von Baumwollgeweben. Teil II: Einfluß von Reiniger-Typ und Wassertemperatur auf Aussehen, Griff, Festigkeit und Kosten. Textile Res. J. **40** (1970) 7, S. 644–649.
Bubl., I. L.: Das Waschen von Baumwollgeweben. Teil I: Einflüsse von Reiniger-Typ und Wassertempreatur auf die Schmutzentfernung. Textile Res. J. **40** (1970) 7, S. 637–643.
Calcagno, B.: Lineare Alkylbenzole. Synthese und Charakterisierung. Invest. Inform textil, Barcelona **13** (1970) 3, S. 391–406.

VI. Werkstoffprüfung. Meß- und Prüftechnik. Standardisierung

Eigenschaften und Fehler der Textilmaterialien u. a.

Stevens, C. V., Smith, B. F.: Die Vernetzung von Baumwolle-Cellulose mit Äthylen-Harnstoff-Abkömmlingen, die verschiedenes Wasserbruchvermögen besitzen. Teil I: Einflüsse auf die physikalischen Eigenschaften und die Struktur der Wasserstoffbindung. Textile Res. J. **40** (1970) 8, S. 749–760.
Shah, R. C., Ganghi, R. S.: Verteilung der Natrium- und Chlorionen zwischen modifizierten Wollen und Salzlösungen im neutralen pH-Bereich. Textile Res. J. **40** (1970) 6, S. 508–515.
Schramm, W.: Zur farbmetrischen Bewertung von Gilbe und Weißgrad unter besonderer Berücksichtigung der Auswertung mit Computern. Tenside, Münschen **7** (1970) 6, S. 305–311.
Raes, G., Verschraege, L., Fransen, T.: Recken als Verfahren zur Verbesserung der Festigkeit von Baumwollfasern. Ann. sci. textiles belges (1970) 3, S. 29–41.
Barella, A., Segura, A.: Bemerkungen über den Reibungskoeffizienten von Baumwollgarnen. Vergleich zwischen konventionellen und „open-end"-Garnen. Invest. Inform. textil, Barcelona **13** (1970) 3, S. 333–348.
Sarma, G. V., Ranganathan, S. R., Handu, J. L., Verma, B. C.: Untersuchungen für die Tragedauer normaler und speziell ausgerüsteter Baumwollgewebe. Teil III: Eine Untersuchung von Arbeits-Uniformen während des Gebrauches. Textile Res. J. **40** (1970) 11, S. 1017–1025.
Exbrayat, P. E.: Beitrag zur systematischen Untersuchung des Schlichtens. 18. Mitt. Untersuchung der dynamischen Beanspruchung von Fäden und Garnen. 2. Neue automatische Dauerwechselprüfmaschine. Bull. Inst. Textile France **24** (1970) 150, S. 801–813.
King, N. E., Kruger, P. J.: Vorläufige Ergebnisse über die elastischen Moduli von Wolle, Mohair und Stichelhaaren mit Hilfe der Ultraschall-Impuls-Methoden. Textile Res. J. **40** (1970) 10, S. 865–872.
Carrié, C.: Zur Wirkung von Chemiefasertextilien auf die gesunde und auf die krankhaft veränderte Haut des Menschen. Lenzinger Ber., Lenzing/Österr. (1970) 30, S. 104–111.
Robbins, V., Scott, G. V.: Die Bedeutung des pH-Wertes auf die Arrhenius-Aktivierungsenergie bei der Diffusion in Keratinfasern. Textile Res. J. **40** (1970) 10, S. 951–952.
Scardino, F. L., Lyons, J. W.: Die bevorzugte radiale Faserwanderung bei der Verarbeitung von Mischungen. Textile Res. J. **40** (1970) 6, S. 573–574.
Knapton, J. J. F., Richards, S., Fong, W.: Die Dimensionseigenschaften von Woll-Maschenwaren. Teil III: Die Flachwirkstruktur beim Maschinenwaschen und Schleudertrocknen. Textile Res. J. **40** (1970) 6, S. 543–553.
McPhee, J. R.: Die Waschbarkeit von Wollgestricken. Off. Ind. Maille (1970) 59, S. 37–39.
Langmann, W.: Die Benetzung von Textilmaterialien durch organische Lösungsmittel. Bayer-Farben-Rev., Leverkusen (1970) 19, S. 13–19.

Meß- und Prüftechnik

Chow, T. S., Hermans, J. J.: Die Wirkung trockener Reibung auf das Schwingungsverhalten von Geweben. Textile Res. J. **40** (1970) 11, S. 982–985.
Asquith, R. S., Falkingham, A. H., Pearcy, M. N.: Messung des Vergilbens und Bleichens von Wolle mit dem Xenotest 450. J. Soc. Dyers Colourists **86** (1970) 8, S. 367–368.
Isings, J., v. d. Burgh, N.: Einige Wirkungen von Ätznatron auf die Grobstruktur von Baumwollfasern in Garnen. Textile Res. J. **40** (1970) 8, S. 766–768.
Knapton, J. J. F., Fong, W., Slinger, R. I.: Das Filzverhalten von flachgewirkten reinen Wollstoffen. Textile Res. J. **40** (1970) 6, S. 571–573.
Haentjens, M.: Spannungsmessungen beim Schußeintragen an schützenlosen und klassischen Webmaschinen. Ann. sci. textiles belges (1970) 3, S. 42–73 (fläm.).
Stuart, I. M.: Eine neue Entkräuselungsformel. Textile Res J.. **40** (1970) 7, S. 614–620.
Azzola, F. K.: Möglichkeiten und Grenzen durchstrahlungselektronenmikroskopischer Untersuchungen im Rahmen der Textilveredlung. Melliand Textilber. internat. **51** (1970) 11, S. 1323–1329.
Szomanski, W. M., Postle, R.: Torsionsmessung in monofilen Textilstrukturen. Textile Res. J. **40** (1970) 8, S. 762–764.
van Lancker, M., Veirman, E.: Analyse einiger nichtcellulosischer Flachsbestandteile. III. Bestimmung von Lignin. Ann. sci. textiles belges (1970) 3, S. 75–85.
Fell, K. T., Postle, R.: Temperatur- und Feuchteänderungen von Textilien während des Vakuum-Dämpfens. Textile Res. J. **40** (1970) 8, S. 683–687.
Onooka, R., Konda, A.: Ein Härteprüfgerät für Polymerfilme und deren Anwendung. Kogyo Gijutsuin Sen'i Kogyo Shikencho Kenkyo Hokoku, Yokohama (Bull. Textile Res. Inst. Jap. Government) (1969) 89 (11), S. 85–95.
McLaren, K.: Die Farbdifferenzformel von Adams/Nickerson. J. Soc. Dyers Colourists **86** (1970) 8, S. 354–356.

Standardisierung. Terminologie

Uhlmann, R. H.: Terminologie der Wirkerei und Strickerei. Melliand Textilber. internat. **51** (1970) 11, S. 1302–1306.

VII. Betriebstechnik. Ökonomie, Tagungsberichte und dgl. Sonderfragen

Betriebstechnik

Uebel, H., Belz, H.: EDV-Anwendung in der Wirkerei und Strickerei. Melliand Textilber. internat. **51** (1970) 11, S. 1307–1311.
Ohnacker, G., Kalbfleisch, W.: CCBF – Ein System zur Computerbearbeitung chemischer und biologischer Forschungsergebnisse. Angew. Chemie **82** (1970) 15, S. 628–633.
Osborn, J.: Produktivität in Wartung und Pflege hineinbringen. Textile Month (1970) 8, S. 85–86.
Strukova, M. P., Ignat'ev, Ju. S., Miloševič, N. Ju., Zamelin, V. I.: Indirekte polarographische Bestimmung von Mikromengen an 1,6-Hexamethylendiamin in wäßrigen Lösungen. Z. anal. Chimii (Z. analyt. Chemie) **25** (1970) 9, S. 1833–1835.

Ökonomie

Zinsli, H.: Das Modell der Textil- und Textilfarbstoffmärkte, dargestellt am Beispiel der Wolle bzw. des Wollfarbstoffbedarfes. Textilveredlung, Weinfelden/Schweiz **6** (1970) 10, S. 772–777.
Celanese wird die Zahl der Arbeitskräfte um 2000 vermindern. Chem. engng. News **48** (1970) 43, S. 7–11.
Timariu, D.: Die Kostenbestimmung pro Element im Zusammenhang mit der globalen- und Warenproduktion in der Konfektionsindustrie. Ind. textilă, Bucureşti **21** (1970) 11, S. 710–712.
Winn, M., Dardis, R.: Das Investitionsverhalten der US-Textilindustrie. Textile Res. J. **40** (1970) 9, S. 826–832.
Monatsübersicht. Textile Organon **41** (1970) 8, S. 137–152.

Sonderfragen

Weiske, Ch.: Informationsdienste für Chemie. Angew. Chemie **82** (1970) 15, S. 569–573.
Fugmann, R., Nickelsen, H., Nickelsen, I., Winter, J. H.: Tosar – ein topologisches Verfahren zur Wiedergabe von synthetischen und analytischen Relationen von Begriffen. Angew. Chemie **82** (1970) 15, S. 611–618.
Schier, O., Nübling, W., Steidle, W., Valls, J.: Ein System zur Dokumentation chemischer Reaktionen. Angew. Chemie **82** (1970) 15, S. 622–628.
Lobeck, M. A.: Recherchen mit dem IDC-System. Angew. Chemie **82** (1970) 15, S. 598–605.